高职高专教育“十二五”规划教材

Android 基础教程

主　编　余　平　张建华

副主编　石芳堂　李彦玲

中国水利水电出版社
www.waterpub.com.cn

内 容 提 要

本书根据高职高专计算机软件专业学生基本要求，基于 Android SDK 2.0 编写而成。本书内容全面，分别详细讲解了 Android 框架、Android 系统基本组件、用户界面开发、数据存储、多媒体开发和网络开发等基础知识，循序渐进，读者可以根据自身的需要进行学习。

本书在讲解过程中，对一些基础知识给出了实际的程序代码，可以让读者很快掌握知识点的应用。

本书适合具备 Java 基础以及一定软件开发基础知识、想快速进入 Android 开发领域的程序员，具备一些手机开发经验的开发者和 Android 开发爱好者学习使用；也适合作为相关培训学校的 Android 培训教材。

图书在版编目（CIP）数据

Android基础教程 / 余平，张建华主编. -- 北京 ：
中国水利水电出版社，2013.6（2015.8 重印）
高职高专教育"十二五"规划教材
ISBN 978-7-5170-0975-7

Ⅰ. ①A… Ⅱ. ①余… ②张… Ⅲ. ①移动终端－应用程序－程序设计－高等职业教育－教材 Ⅳ. ①TN929.53

中国版本图书馆CIP数据核字(2013)第136354号

策划编辑：陈 洁　　责任编辑：陈 洁　　封面设计：李 佳

书　名	高职高专教育"十二五"规划教材 Android 基础教程
作　者	主　编　余　平　张建华 副主编　石芳堂　李彦玲
出版发行	中国水利水电出版社 （北京市海淀区玉渊潭南路 1 号 D 座　100038） 网址：www.waterpub.com.cn E-mail：mchannel@263.net（万水） sales@waterpub.com.cn 电话：（010）68367658（发行部）、82562819（万水）
经　售	北京科水图书销售中心（零售） 电话：（010）88383994、63202643、68545874 全国各地新华书店和相关出版物销售网点
排　版	北京万水电子信息有限公司
印　刷	北京兴湘印务有限公司
规　格	184mm×260mm　16 开本　12 印张　295 千字
版　次	2013 年 7 月第 1 版　2015 年 8 月第 2 次印刷
印　数	4001—7000 册
定　价	24.00 元

前　言

本书是一本关于 Android 系统的基础教程，Android 是一款针对手机的全新开源软件工具包，随着移动技术不断的发展，用户对移动设备中的应用需求也越来越广泛，对具有 Java 程序语言基础的读者，本书将帮助他们对 Android 系统快速入门。

本书的读者应该具备 Java 或 C 语言编程基础，因为 Android 系统基础核心是 Java 语言，如果没有 Java 编程基础的读者建议先学习 Java 编程语言。

本书与同类图书相比，具有下列的特色和优点：

- 整体安排结构清晰，知识完整。重点掌握方法、强化应用、培养技能。
- 从 Android 的环境开始，逐步讲解 Android 的基本控件，最后讲解 Android 的编程技术，由浅入深，适合初学者。
- 可操作性、实用性强。涉及具体例子都有清晰的步骤，突出可操作性。

本书由余平、张建华任主编，石芳堂，李彦玲任副主编。其中余平负责全书的统稿、修改、定稿工作，张建华主要负责第 1、2、10 章的编写工作。全书总共有 13 章，具体内容如下：

第 1 章　Android 系统概述，简述 Android 的发展与系统架构。

第 2 章　Android 开发环境搭建，要开发 Android 应用程序，完整的开发环境必不可少，本章非常详细地介绍了 Android 环境的组成部分与安装步骤。

第 3 章　Android 项目设计，通过一个最简单的程序设计，完整介绍了 Android 应用程序的组成结构和几个关键文件，使读者对 Android 程序组成有一个清晰的印象。

第 4 章　Android Activity 介绍，本章对 Android 系统的 Activity（活动）单独列章介绍，主要是因为 Activity 在 Android 系统中的独特地位，应掌握好 Activity 的主要作用和生命周期。

第 5 章　Android UI 基本组件，组件在面向对象的编程方法中是很重要的，Android 的基本组件是 Android 系统中编程的根本，是应用程序中最基本的组成单元，主要介绍了按钮、文本框、文本编辑框、单选框、复选框等组件的使用。

第 6 章　Android 布局管理器，布局管理器主要介绍 Android 程序如何放置和布局程序界面，程序界面设计就是界面的设计工作，主要介绍了线性布局、框架布局等几个常用布局管理器的使用，这些布局管理器也可以组合使用，本章还介绍了事件处理的知识。

第 7 章　UI 高级控件，主要介绍在 Android 系统中更多将使用到的高级控件，例如滚动视图、对话框等，这些组件的使用，使 Android 编程更加丰富快捷。

第 8 章　Android 应用程序组件，主要介绍 Android 四大组件的使用，其中 Activity 在前面章节已经介绍。本章的主要内容涉及编程的高级部分、Android 程序的运行机制等内容。

第 9 章　数据存储，主要介绍在 Android 系统编程中如何存储相关的数据内容，Android 系统中数据存储的几种方式以及使用方法。

第 10 章　网络通信，介绍如何使 Android 系统应用程序与网络通信，达到移动手机上网的功能。

第 11 章　定位与地图，主要介绍如何在 Android 应用程序中使用定位系统和地图服务。

第 12 章　多媒体应用，主要介绍如何在 Android 系统中使用简单的视频与音频服务，内容有视频与音频的制作与播放。

第 13 章　实用功能开发，主要介绍两个实用例子的开发，给出它们的主要源代码，帮助读者对 Android 系统有一个全面的总结。

作　者

2013 年 4 月

目　　录

第 1 章　Android 系统概述

- 了解智能手机的发展历史
- 了解智能手机操作系统的特点及应用
- 了解 Android 操作系统的特点
- 了解 Android 操作系统的体系结构

1.1　基础知识

1.1.1　智能手机系统

手机的发展最早要追溯到 1902 年，最初是由美国人内森 • 斯塔布菲尔德制造的第一个无线电话装置。1938 年，为了解决美国军方的无线通信问题，贝尔实验室制作出了世界第一台“移动电话”，后来在 1973 年，摩托罗拉工程师制造了用于民用的移动手机。伴随着手机的发展，无线通信网络也由最早的模拟通信网络逐渐发展为数字通信网络，再发展到可以处理图像、视频以及可以访问互联网的第三代通信网络，也就是经历了 1G－2G－3G 的发展历程，直至当今的 4G 通信网络，都为智能手机的发展提供了基础。智能手机的角色也由传统的只提供通话功能的设备开始逐步演变为具有 PC 主机功能的移动设备，人们需要在这些设备上自由开发自己需要的软件，也可以像 PC 机一样进行 Internet 的访问和应用。因此，现在的智能手机应具备以下几个特点：

（1）可以方便地通过无线网络接入互联网。

（2）具备 PDA 设备的诸多功能，如日历、媒体播放等功能。

（3）最主要的是有手机操作系统环境，用户可以根据需要运行更多第三方的手机应用软件。

1.1.2　移动手机操作系统

智能手机本身是一个具有手机操作系统的手机，在上面有可以运行的软件，最初的手机开发商制作自己的手机并有自己的操作系统开发相应的应用软件，而这些软件被制造商们所拥有和控制，因此这样的系统被认为是一个“关闭”的系统，比如最早的诺基亚公司的 Symbian（塞班）操作系统、Palm 公司的 Palm32 位的嵌入式操作系统、RIM 公司独立开发的 Blackberry（黑莓）操作系统，著名的苹果公司的 IOS 系统等，不过这样的系统只能适合厂商自己的产品，相对来说是一个封闭的系统，用户只能使用厂商提供的固定功能，很难根据自己的需要开发个性化的应用。

1.2 Android系统

随着用户对移动智能手机个性需求的增加，移动手机系统及应用开发也走向开放式。2007年11月5日，Google与其他33家手机制造商（包含摩托罗拉、三星、LG）、手机芯片供应商、软硬件供应商、电信业者所联合组成的并由Google领导的开放手持装置联盟（Open Handset Alliance），发布了名为Android的开放手机软硬件平台。参与开放手持装置联盟的这些厂商，都可以在基于Android平台上开发新的手机业务。在Android平台公布之后不久，Google随即发布了可以免费自由下载，能在Windows、MacOS X、Linux多平台上使用的Android软件开发工具（Software Development Kit，SDK）与相关文件，操作系统核心（kernel）也公开公布。

Android的出现，开创了移动智能手机全新的完全开发的开发模式，使用Android系统的移动电话不但可以使用第三方开发的应用，而且系统本身也是开放的，这样就可以让各手机开发商在统一开放的平台上开发移动电话，同时也让第三方软件开发商可以开发各种手机应用程序在不同厂商的手机上运行。

Android系统平台架构

Android系统是为移动手机开发的软件环境，它是一种软件而非硬件，是一个运行在Linux 2.6核心上的以Java为基础的操作系统，并提供中间件和一些重要的应用。Android的核心系统服务依赖于Linux 2.6内核，如安全性、内存管理、进程管理、网络协议栈和驱动模型。Linux内核也同时作为硬件和软件栈之间的抽象层。图1-1是Android系统的结构。

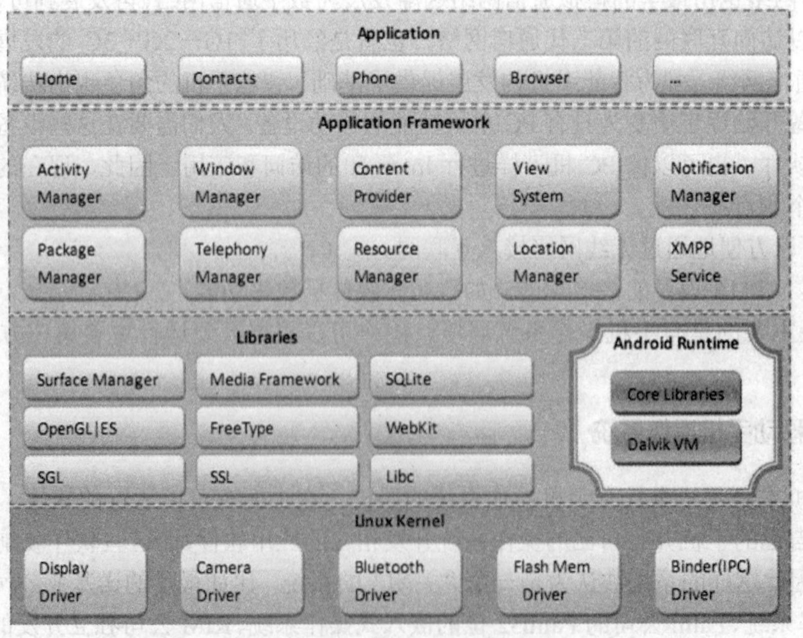

图1-1

1. 应用层（Application）

使用Java语言编写开发的应用程序，通常提供用户界面和交互，这些程序是用户可以实实在在看到的。在手机浏览器上我们熟悉的一些应用，如地图软件、日历、媒体管理、通讯录等都属于应用层上的应用。

2. 应用框架（Application Framework）

这一层主要是 Google 公布的一些类库（API），开发人员可以使用这些类库进行程序开发。由于它的上层应用层程序是用 Java 构建的，因此本层提供包含了用户接口（UI）程序中所需要的各种控件，如主要的类库有：

- 活动管理（Activity Manager）：是 Android 类库中的基本组件，受 Android 操作系统的管理。一个应用程序至少由一个活动构成，为程序提供进入和退出机制。
- 包管理器（Package Manager）：为程序开发人员管理与提供开发的各类包。
- 视图组件（View 组件）：负责整个系统的窗口管理，包括列表 List、文本框 textbox、按钮 button 等组件。
- 内容提供器（Content Provider）：提供一种机制，通过这个机制应用程序可实现数据库共享和互访。
- 资源管理器（Resourse Manager）：负责管理非代码的访问，如图片、xml 布局文件以及国际化资源文件。
- 通告管理（Notification Manager）：让程序将警示信息显示在状态栏上。

3. 系统运行库层和运行环境

本层对应一般嵌入式系统，相当于中间件层次。该层分成两个部分：一个是各种库，另一个是 Android 运行环境。本层的内容大多是使用C++实现的。主要库如下：

- Lib C 库：C 语言的标准库，这也是系统中一个最为底层的库，Lib C 库是通过 Linux 的系统调用来实现。
- 多媒体框架（Media Framework）：这部分内容是 Android 多媒体的核心部分，基于 PacketVideo（即 PV）的 OpenCORE，从功能上分为两大部分，一个部分是音频、视频的播放；另一部分是则是音视频的录音（Recorder）。
- SGL：2D 图像引擎。
- SSL：即 Secure Socket Layer，位于 TCP/IP 协议与各种应用层协议之间，为数据通讯提供安全支持。
- OpenGL ES 1.0：本部分提供对 3D 的支持。
- 界面管理工具（Surface Management）：本部分提供对管理显示子系统等功能。
- SQLite：一个通用的嵌入式系统的数据库。
- Web 浏览器引擎（WebKit）：网络浏览器的核心，为 Web 浏览器提供支持。
- Android 运行环境（Andriod Runtime）：Android 运行环境主要指的虚拟机技术——Dalvik。Dalvik 虚拟机和一般 Java 虚拟机（Java VM）不同，一般 Java 的 class 类或 jar 文件不能在 Android 上运行，Android 的虚拟机叫 Dalvik，Dalvik 执行格式为.dex 的文件。

4. Linux 内核（OS 层）

Android 使用 Linux 2.6 作为操作系统，Android 对操作系统的使用包括核心和驱动程序两部分，Android 的 Linux 核心为标准的 Linux 2.6内核，提供程序的安全性、驱动程序、进程管理等功能，而 Android 更多的是需要一些与移动设备相关的驱动程序。主要的驱动如下：

- 显示驱动（Display Driver）：常用基于 Linux 的帧缓冲（Frame Buffer）驱动。
- Flash 内存驱动（Flash Memory Driver）：
- 照相机驱动（Camera Driver）：常用基于 Linux 的 v4l2（Video for Linux）驱动。
- 音频驱动（Audio Driver）：常用基于 ALSA（Advanced Linux Sound Architecture，高级 Linux 声音体系）驱动。
- WiFi 驱动（Camera Driver）：基于 IEEE 802.11 标准的驱动程序，可以连接无线网络。
- 键盘驱动（KeyBoard Driver）：为输入设备提供支持。
- 蓝牙驱动（Bluetooth Driver）：基于 IEEE 802.11 标准的无线传输技术。
- Binder IPC 驱动：Android 的一个特殊驱动程序，具有单独的设备节点，提供进程间通讯的功能。
- Power Management（能源管理）：对电池电量进行监控。

本章小结

Android 系统是一种开放的移动开发平台系统，是移动手机设备发展的必然。本章首先回顾了手机系统的发展历史，Android 系统出现的历史背景，重点介绍了 Android 系统的体系结构。Android 系统是在 Linux 基础上发展起来的，Java 语言作为前台开发语言，内核是 Linux。在学习 Android 开发程序前，需要的前期知识就是 Java 语言编程和 Linux 知识。

习题 1

1．简述手机系统发展历程。

2．Android 主要需要的驱动有哪些？

第 2 章　Android 开发环境设置

- 熟悉 Android 开发环境组件
- 下载 Android SDK 开发环境
- 在 Eclipse 开发环境中配置 ADT 插件
- 配置开发环境变量

2.1　Android 开发环境介绍

想要快速地开发 Android 应用程序，首先要选择适当的开发工具。当前 Android 应用程序只支持使用 Java 编程语言编写的 Android 应用程序，而 Android 本身只是一个运行应用程序的环境，用户可以使用任何综合开发环境（IDE）来开发应用程序，建议安装的工具如下：

- JDK（Java Development Kit）——开发 Android 应用程序时，需要 Java 开发工具包。利用开发工具包 JDK 将 Java 源代码文件编译成 class 文件。
- Eclipse IDE——多用途的整合开发工具（IDE），专门用来编写应用程序的窗口整合开发工具。

安装 Eclipse 之前，还应在计算机上安装 Java 运行环境 Java Runtime Environment（JRE）。因为 Eclipse 作为一个程序是由 Java 写成，它本身也要求 JRE 来运行，如果 JRE 没有安装或没有被检测到，如果你试着打开 Eclipse，会产生错误信息。Java 运行环境（JRE）只是运行 Java 应用程序的环境，下载的 JDK 中一般包含 JRE。

- ADT（Android Development Kit）Plugin for Eclipse——ADT 是 Google 公司专门为 Eclipse 设计的插件，方便 Eclipse 开发 Android 应用程序。
- Android SDK（Software Development Kit）——Android 开发套件，Android SDK 可以将 Java 的 class 文件转换成 dex 文件后交由 Dalvik VM 运行，同时 Android SDK 还包含开发 Android 应用程序所需的 Android 模拟器（emulator）、debug 调试工具等。
- 其他开发工具。

2.2　环境搭建准备

开始环境搭建之前，确定系统和软件需求，用 Android sdk 的代码和工具开发 Android 应用程序。Android 开发环境一般装载在以下操作系统之上：

- Windows XP 或 Vista
- Mac OS X 10.4.8 或更高版本（仅支持 x86）
- Linux（Linux Ubuntu Dapper Drake 版本已测试）

本章以 Windows XP 操作系统为基础讲解。

2.3 搭建开发环境流程

2.3.1 下载安装 JDK

由于 Android 应用开发使用 Java 语言，所以需要安装 Java 开发工具包——JDK（Java Development Kit）。JDK 是 Java 的核心，其中包括 Java 运行环境、Java 工具和 Java 提供的基础类库，没有 JDK 就不能正常安装开发平台和搭建环境。

Android 开发环境需要的 JDK 版本是 JDK SE 1.7 及以上，建议下载 JDK5 或以后的版本。各平台的 JDK 可以到网站 http://java.sun.com 下载。在下载界面中选择下载 JDK 就可以了。

MacOS X 操作系统已经内建 JDK。JDK 的安装比较简单，按照提示一步步就可以完成。

1．下载与安装步骤

（1）下载 JDK 安装程序到目录下，下载网站为：http://www.oracle.com/technetwork/java/javase/downloads/index.html 或 http://java.sun.com/javase/downloads/index.jsp。

（2）开始安装 JDK。在准备好安装包后，在目录下点击下载的 JDK 安装文件 jdk-7u3-windows-i586.exec 开始安装。按照提示完成安装，如图 2-1 中所示。

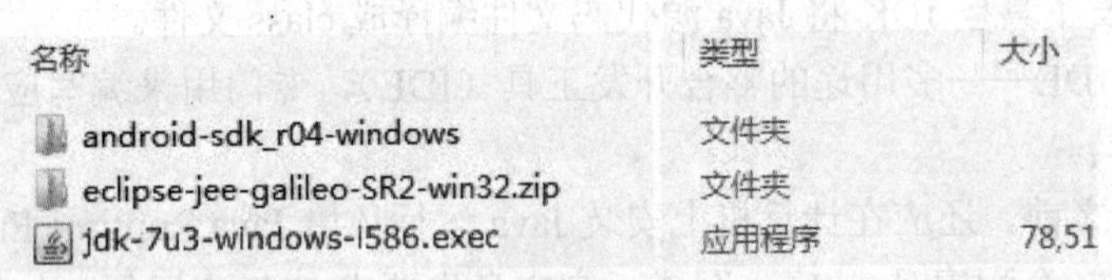

图 2-1

2．配置 JDK 变量

安装好 JKD 后，需要对 JDK 进行配置，主要是对 JDK 环境变量进行设置。

（1）鼠标右击“我的电脑”，在弹出的对话框中选择“高级”选项卡，单击“环境变量”按钮，出现“环境变量”设置界面，如图 2-2 和图 2-3 所示。

（2）配置 JAVA_HOME 变量。在环境变量设置中，单击“系统变量”下的“新建”按钮，在弹出的对话框中，在“变量名”处输入 JAVA_HOME，在“变量值”中输入 JDK 的安装路径，比如 C:\Program Files\Java\jdk5.0_07。如图 2-4 所示。

配置该变量的目的主要是得到 JDK 的地址引用，避免每次都要输入长长的地址路径。

（3）配置 Path 路径。在图 2-3 中选中 Path 路径变量，然后单击“编辑”按钮，出现图 2-5 所示的对话框，注意不要删除对话框中的其他信息，只是在信息的最末尾添加一个分号，将前面安装 JDK 的 bin 目录填写上去即可。

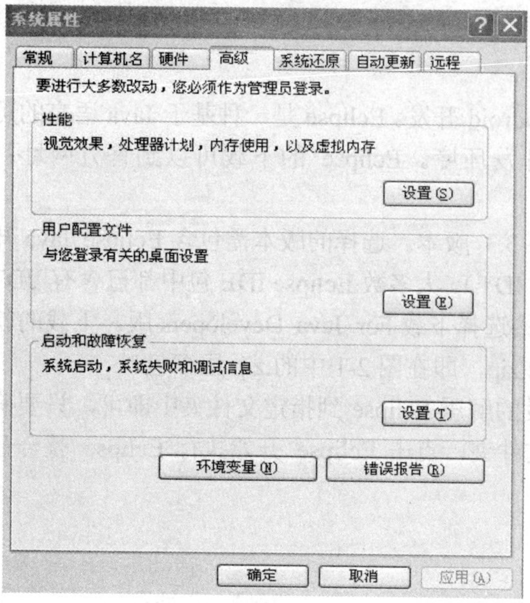

图 2-2

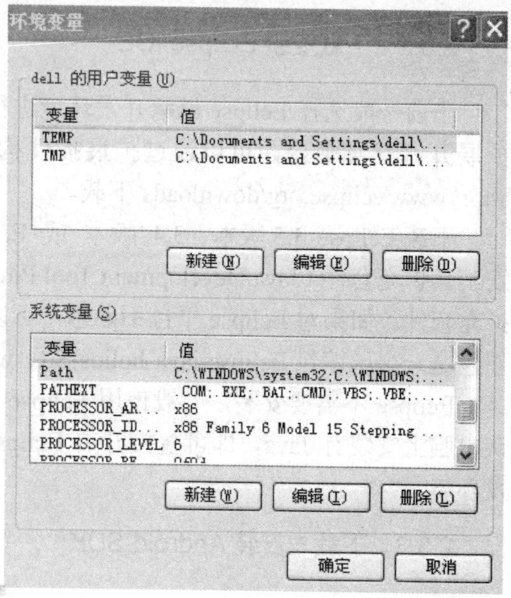

图 2-3

图 2-4

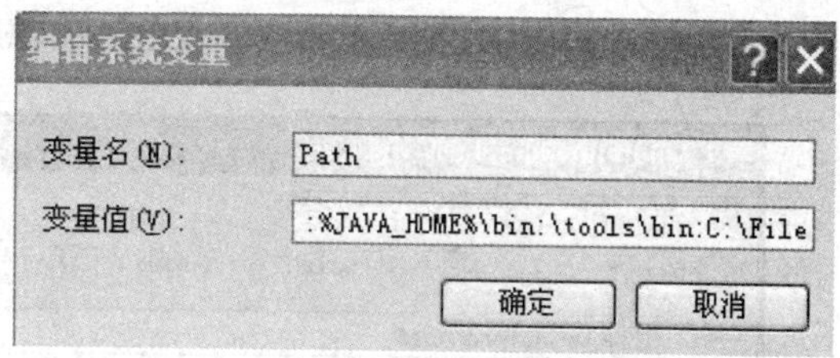

图 2-5

（4）配置 CLASSPATH 变量。

配置此变量主要目的是告诉 Java 编译到哪里发现标准类库，标准类库是后缀名为.jar 的文件，是已经完成好的可以供编程人员利用的文件。

在图 2-3 中系统变量下单击“新建”按钮，在弹出的对话框中输入变量名 CLASSPATH，在变量值中输入如下的代码：

```
.;%JAVA_HOME%\lib\dt.jar;%JAVA_HOME%\lib\tools.jar
```

注意：变量值前面的“.;”表示当前路径，如图 2-6 所示。

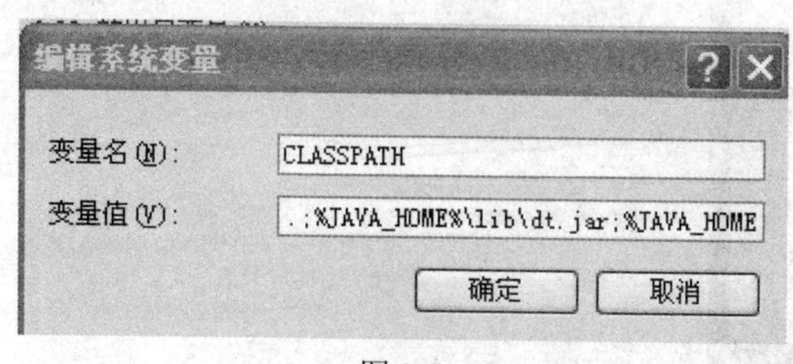

图 2-6

以上步骤就完成 JDK 的变量配置，可以在 DOS 命令状态下使用以下命令进行验证：

```
Java  -version;
```

2.3.2 下载安装 Eclipse IDE

当前一般选择 Eclipse 继承开发环境进行 Android 开发。Eclipse 是一种基于 Java 语言的可扩展开源开发平台，可以通过扩展插件构建开发环境。Eclipse 的下载可以到官方网址：http://www.eclipse.org/downloads 下载。

下载 Eclipse 3.5 版本、3.4 版本 或 Eclipse 3.3 版本。选择的版本需包含 Eclipse Java 开发工具扩充套件（Java Development Tool Plugin，JDT）。大多数 Eclipse IDE 包中都已含有 JDT 扩充套件。如果对 Eclipse 平台不熟悉，可以直接选择下载 For Java Developers 版。下载的软件包是一个压缩包 Eclipse-java-helios-SR1-win32.zip，即在图 2-1 中的.zip 压缩包。

Eclipse 不需要安装，一般使用 Eclipse 预设的解压 Eclipse 到指定文件夹中即可，只要确认电脑上安装有 Java，即可直接开启 Eclipse 文件夹，点击 Eclipse 开始执行 Eclipse 整合开发环境。

2.3.3 下载与安装 Android SDK

从 http://developer.android.com/Android 官方网站下载 Android 软件开发套件（SDK），下载的软件是一个压缩包，无需安装，只需要解压。解压的文件放在文件夹 Android-sdk 中。解压后的文件中有 SDK Manager.exe 文件，如图 2-7 所示。

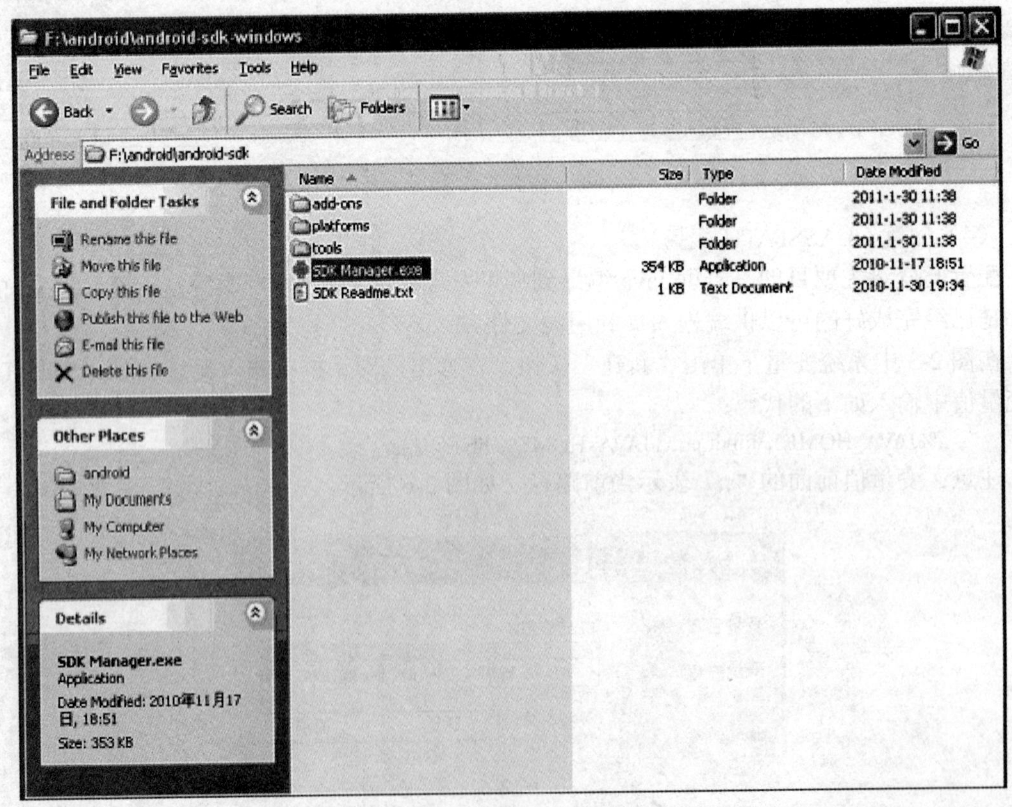

图 2-7

（1）双击 SDK Manager.exe，出现如图 2-8 所示的界面。

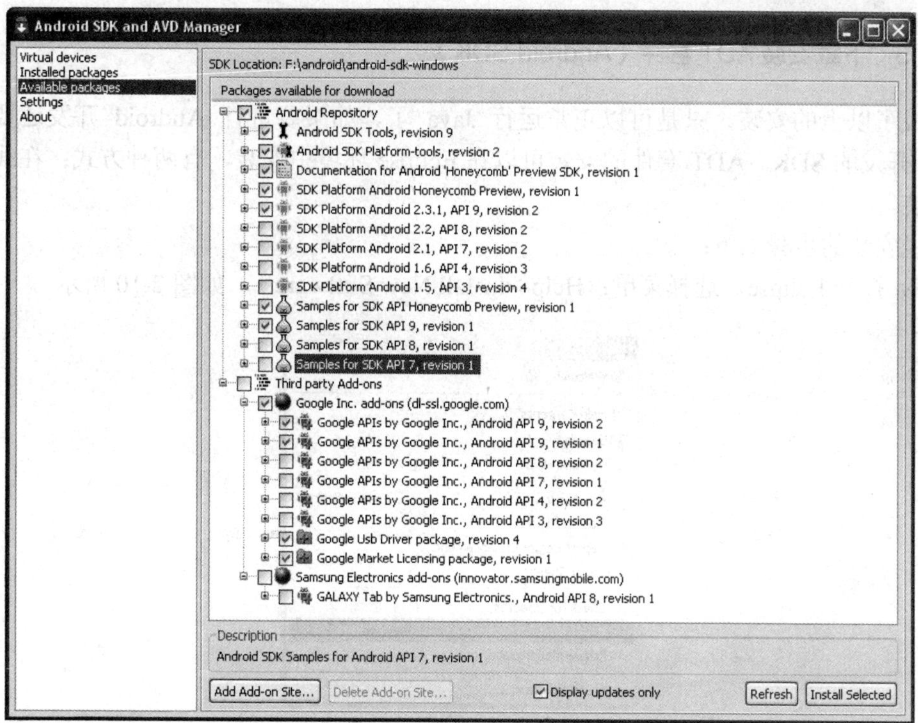

图 2-8

（2）勾选需要安装的软件包，点击 Install Selected，出现如图 2-9 所示的界面。

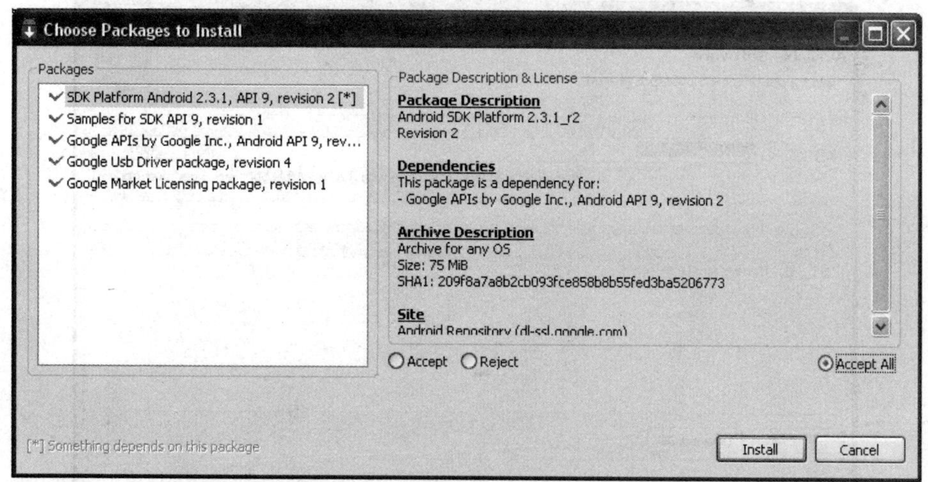

图 2-9

（3）选择 Accept All，再单击 Install 按钮，进入下载安装过程。

2.3.4　配置 Android SDK

与 JDK 一样，我们需要对 Android SDK 进行配置。与配置 JDK 一样，打开环境变量的设置窗口，在 Path 路径变量后面添加 Android SDK 的 tools 文件夹路径，比如 D:\android\android-sdk-windows\tools，设置完成后可以用命令 adb-h 进行验证。

2.3.5 下载安装 ADT 套件（Android SDK）

完成了以上的安装，只是可以正常运行 Java 了，如果要进行 Android 开发还要有进行 Android 开发的 SDK。ADT 套件的安装可以在 Eclipse 环境中安装，有两种方式：在线安装和手动安装。

在线安装的步骤如下：

（1）打开 Eclipse，选择菜单：Help->Install New Software...，如图 2-10 所示。

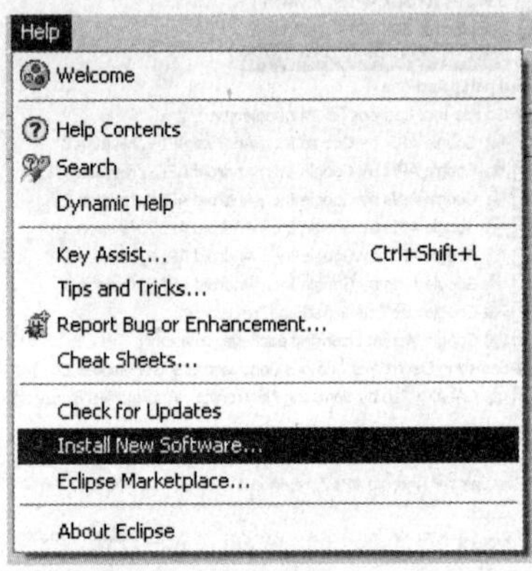

图 2-10

（2）弹出 Available Software 对话框，如图 2-11 所示。

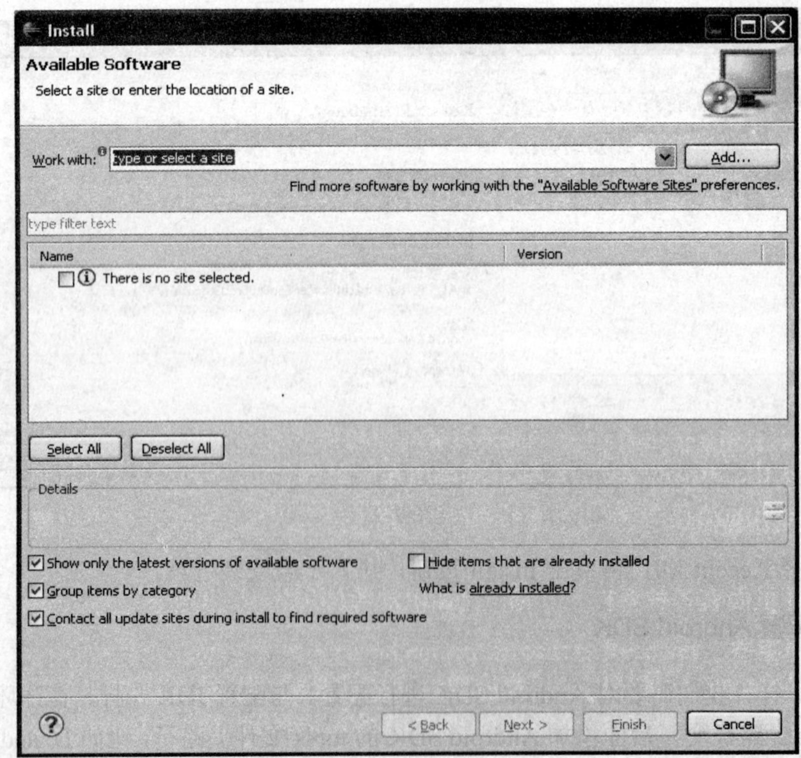

图 2-11

（3）单击 Add...按钮，出现图 2-12 所示的对话框。

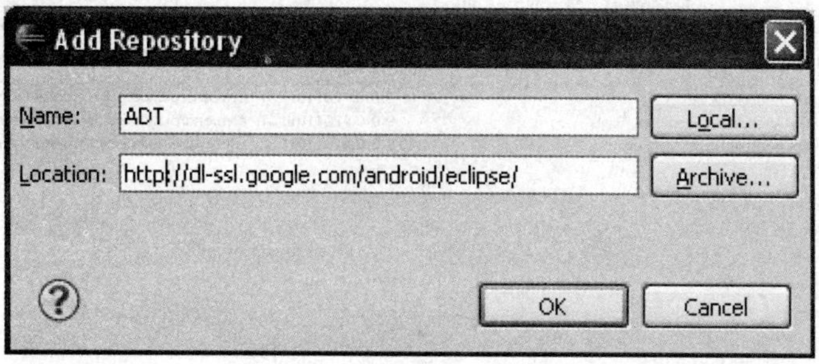

Add Repository

Name: ADT　Local...

Location: http://dl-ssl.google.com/android/eclipse/　Archive...

OK　Cancel

图 2-12

在 Name 文本框中输入 ADT，在 Location 文本框中输入 https://dl-ssl.google.com/android/eclipse/，然后单击 OK 按钮。

（4）此时 Eclipse 会搜索指定 URL 的资源，如果搜索无误，会出现 Developer Tools 的复选框，选中此复选框，如图 2-13 所示。

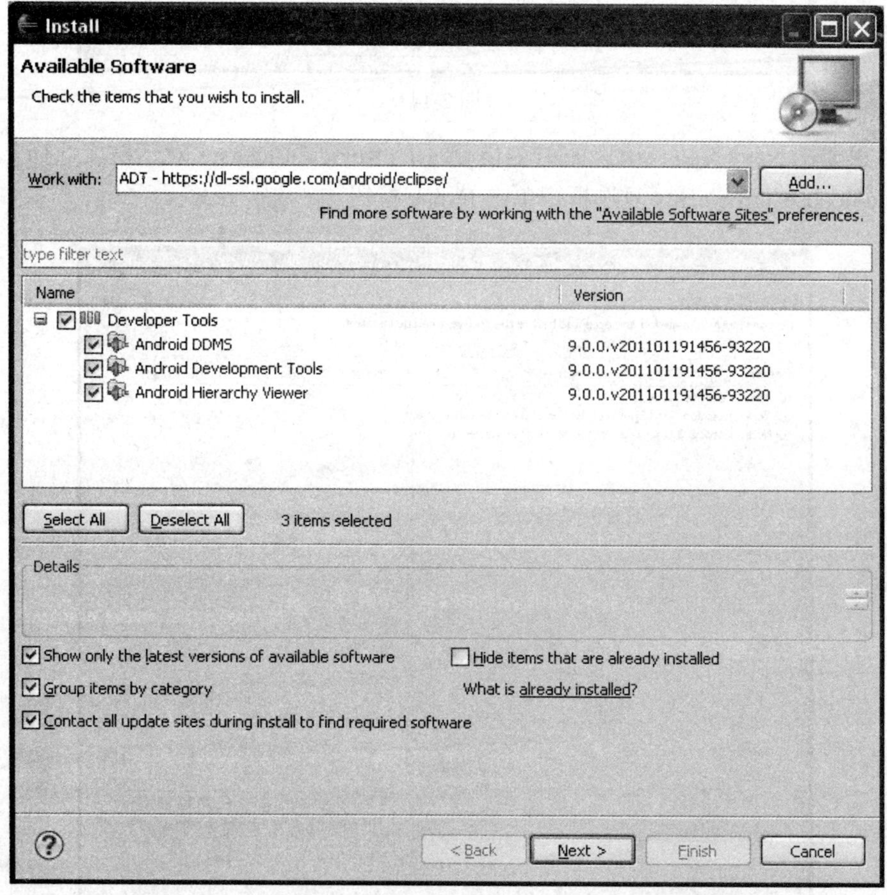

图 2-13

（5）单击 Next 按钮，出现如图 2-14 的界面。

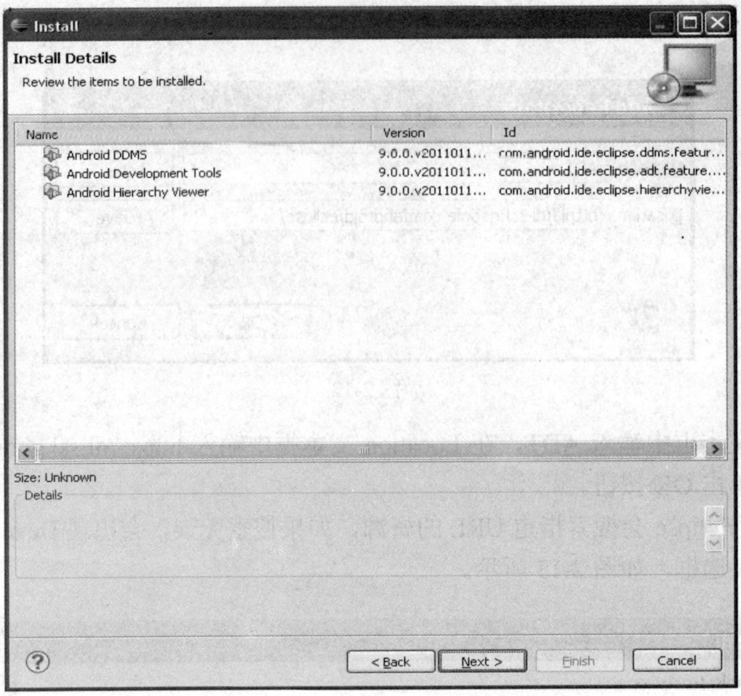

图 2-14

（6）再单击 Next 按钮，出现如图 2-15 所示的 Review Licenses 对话框，选择 I accept the terms of the license agreements 复选框，单击 Finish 按钮。

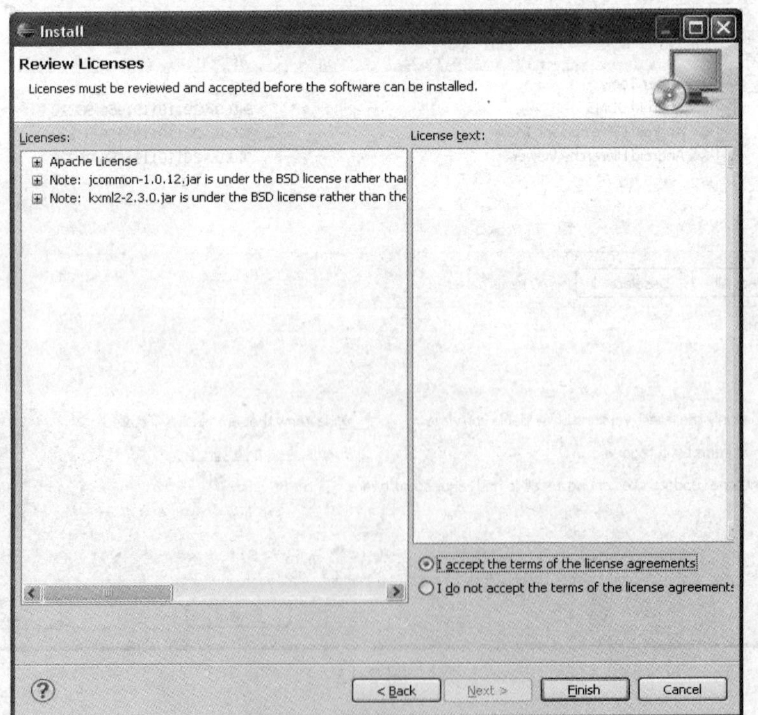

图 2-15

（7）开始进入在线下载和安装过程。在安装中一直单击 Next 就可完成。安装成功后，会提示重新启动 Eclipse，重新启动后就完成安装。

手动（离线）安装过程首先需要在官方网站下载 ADT Eclipse 离线安装包，安装过程与在线安装类似，不再赘述。

2.3.6　为 Eclipse 设置 SDK 的路径

重新启动 Eclipse，在 Windows 菜单中打开偏好设定页面（Preference），选择 Android 标签（请确认已安装好 ADT 扩充套件，Android 标志才会出现在偏好设定页面中），在 SDK Location 栏位单击“Browse...”按钮，选择刚刚解压缩完的 android-sdk 文件夹所在地，然后单击视窗右下角的套用（Apply）按钮。这样，Android SDK 就设定好了。

2.4　设置 Android 模拟器

当完成 Android 开发环境搭建后，就可以进行 Android 程序开发。在编写 Android 应用程序时，需要不断测试程序运行结果，为了方便设计人员测试开发程序，Android SDK 提供了 Android 虚拟设备模拟器（Android Virtual Device），简称 AVD 或 Emulator 模拟器，主要目的是方便程序开发人员模拟在真实的环境中运行程序一样。在编写程序前，先建立 Android 模拟器，这样可以方便测试设计的程序。

Android 开发工具（SDK1.5 版本以上）提供了不同模拟器的功能，SDK 中提供了一个 Android 命令行工具（在 android-sdk/tools 中），可以用来建立管理模拟器。

在使用模拟器前，必须先在 Elicpse 环境中建立模拟器。过程如下：

在 Eclipse 开发环境的菜单中，选择 window->Android AVD Manager，或者在 android-sdk-window 目录下，双击运行 AVD Manager.exe，出现如图 2-16 所示界面。

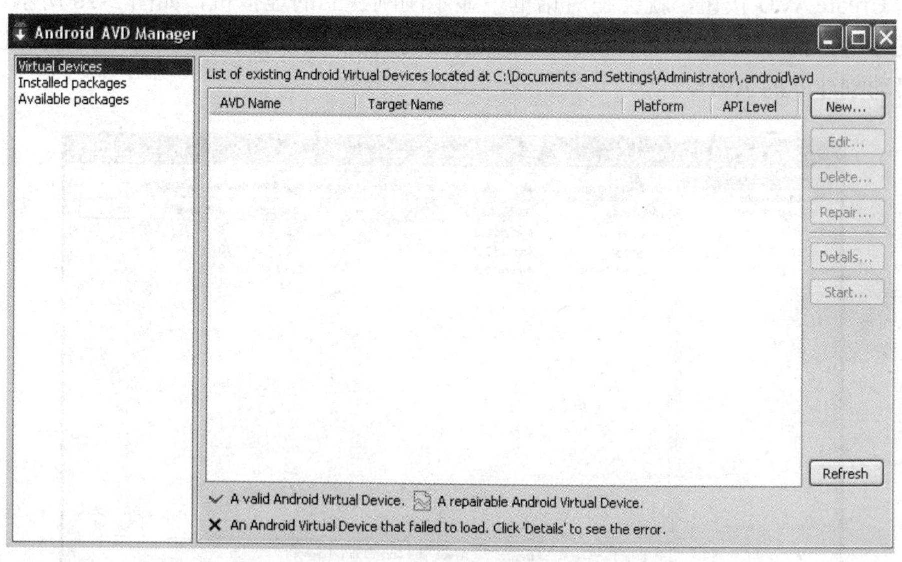

图 2-16

在弹出的窗口中选择 Virtual devices，单击 New 按钮，创建虚拟设备，如图 2-17 所示。

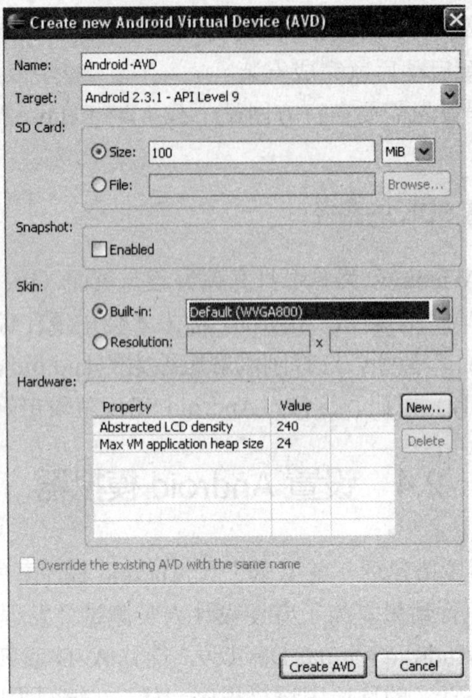

图 2-17

AVD 参数：

- Name：模拟器名称。
- Target：SDK 的类型。
- SD card：SD 卡的大小。
- Skin：显示屏的类型，可以选择 G1、3G、Hero 等设备，也可以自己设置屏幕大小。

单击 Create AVD 按钮，就会在对话框中显示刚刚建立的虚拟机，如图 2-18 所示。一旦配置好开发环境，就可以进入项目开发过程。运行模拟器，可以在 Android SDK 或 AVD 管理器对话框启动刚建立的 AVD。

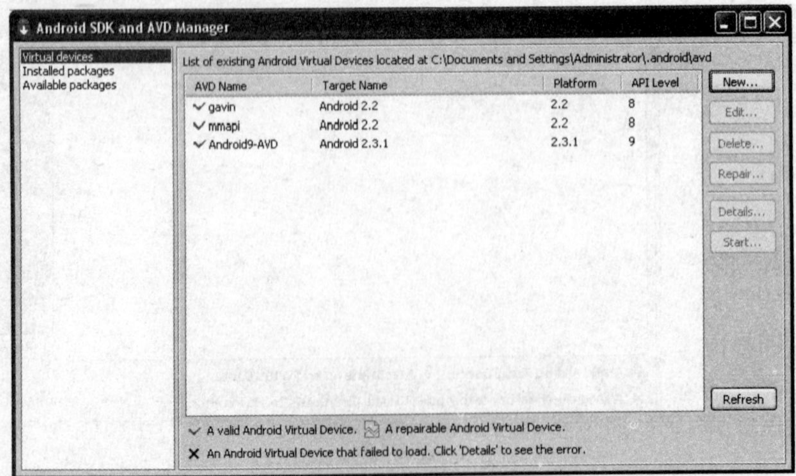

图 2-18

当以上的环境搭建完成后，程序员就可以进行 Android 程序开发了。

本章小结

本章主要讲解在 Windows 环境下 Android 开发环境的搭建。要进行 Android 移动设备程序开发，需要有 Android-SDK 开发工具，Android 系统有专门的配合 Eclipse 开发的插件 ADT，只需要下载这种工具并配置 SDK 即可完成程序开发。

注意在开发 Android 程序时，一定要注意版本问题，Android 2.3 以下的版本主要针对手机开发，Android 3.0 以上的版本则针对平板电脑的开发。

习题 2

1. 简述 Android 开发环境组件。
2. 简述 JDK、Eclipse IDE、Android SDK 以及 ADT 各自的作用。
3. 了解 JDK 环境变量设置的过程。
4. 简述 Android 模拟器作用和配置过程。

第 3 章　Android 项目设计

- 创建新的 Android 项目
- 了解 Android 程序应用组件
- 掌握 Manifest 文件内容
- 修改 main.xml 文件

在 Eclipse IDE 开发环境中建立一个 Android 应用程序之前，首先要创建一个 Android 项目工程，并且建立一个启动配置，建立项目工程的目的就是为开发的应用程序搭建好运行环境需要的支持。在此之后你才可以开始编写、调试，以及运行应用程序。本章主要通过项目的建立，了解 Android 项目建立过程以及几个重要文件和文件内容配置。

3.1　开始第一个 Android 项目 Helloworld

1. 新建项目

打开 Eclipse，选择 File -> New -> Project -> Android Project，如图 3-1 所示。

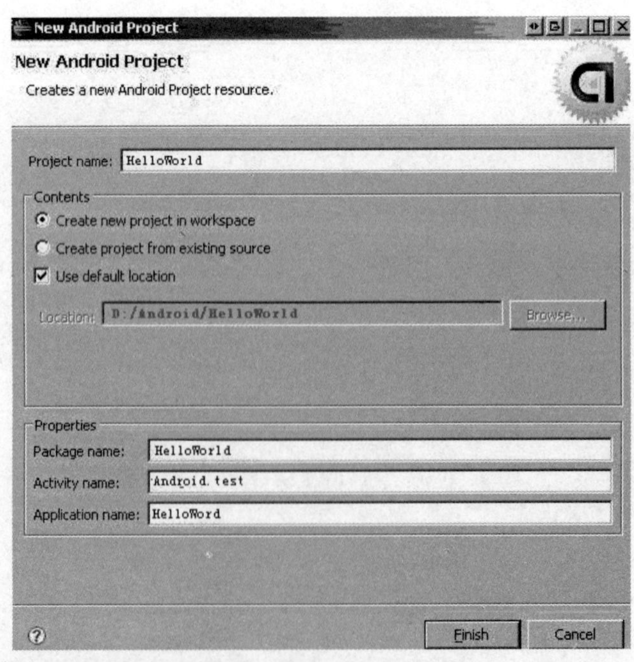

图 3-1

在图中需要用户填入和选择的项为：

- 输入工程名称（project name）：工程名称是应用程序在 Eclipse 环境中项目目录名称，如 HelloWorld。
- Content 信息栏：有几个选项，勾选 Create new project（建立新项目）和 Use default location（使用默认工作空间）。
- Properties 属性栏。在属性栏中包括：

（1）Package name：Activity 类的包名称，包名是应用程序命名空间（遵照 Java 语言命名原则定义），包名称在 Android 系统中必须唯一。

（2）Activity name 活动名称：创建 stub.java 文件等文件和程序名字。

（3）Application name 应用程序名称：应用程序名称是应用程序呈现给用户的名称，如 HelloWorld。

完成输入后单击 Finish 按钮。

2．运行程序

当上面的过程完成后，ADT 插件会根据你的工程类型创建合适的文件和文件夹，用户可以运行应用程序，我们可以选择在模拟机中试运行程序。不过先看看 Android 工程文件结构，了解一下工程的各个组成部分以及它们的作用。

在 Eclipse 的 package Explorer 浏览器中选择刚才建立的 Helloworld 项目，可以看到根目录包含四个子目录，如图 3-2 所示。

图 3-2

- src/——Java 源代码存放目录，用于管理由 ADT（Android 开发工具）自动生成的 Activity 框架代码以及用户自己创建的代码，允许用户修改的 Java 文件都放置在这里，如上面创建的工程 HelloWorld。
- res/——资源文件夹：包含程序中所有的文件，在这个目录中存放应用将用到的资源。如 res 目录下有 res/drawable 用于放置图片资源，res/layout 用于放置布局用的 xml 文件，res/values 用于放置一些常量数据。

- gen/——自动生成目录，顾名思义就是系统自动生成的一些文件存放于此，其中最重要的文件是 R.java 文件，由 ADT 自动生成，用于引用资源文件夹中的资源文件。ADT 会根据资源夹中的 xml 布局文件，图标文件和常量自动同步 R.java 文件，所以，应避免手工修改 R.java 文件内容。
- assets/——资产目录，此用于存放原式格式文件，例如音频文件、视频文件等二进制格式文件。此目录中的资源不能被 R.java 文件索引，一般情况下为空。

一个库文件：android.jar 库文件是 Android 程序应用的函数库文件，Android 支持的 API 都包含在这个文件里。

两个工程文件：

- AndroidManifest.xml——工程清单文件。应用程序中所有的功能都在此列出，相当于配置文件，配置用户程序名称、图标、Activtity、Service、Receiver 等，如果在程序中使用到了系统内置的功能（GPS、电话服务、互联网服务、短信服务等），需要在这个文件中声明使用权限。
- default.properties——项目环境信息，一般不修改此文件。

3.2 Android 应用程序构成

Android 应用由各种各样的组件构成。这些组件大部分都是松散连接的，准确地说可以把一个应用程序看成是组件的联合而非是一个单一的应用。Android 中一个核心的概念就是组件的重用，也就是说在一个应用程序中使用的组件在另外的应用程序中也可以使用。

在 Android 系统中，为了支持组件重用的功能，系统必须可以启动这些组件，因此 Android 系统中提供了一些必要的组件，帮助系统完成组件调用功能。

一个 Android 应用程序一般有四大组件，分别是 Activity（活动）、Service（服务）、Broadcast Content Providers（内容提供者）、Receiver（广播接收器）。Android 的每个请求都由特定的组件来处理。应用程序中用到的那些组件在文件 AndroidManifest.xm 工程清单中将会列出。

- 活动（Activity）：活动（Activity）就是一个有生命周期的对象。一个 Activity 就是完成某些工作的代码块，Activity 是为用户操作而展示的可视化用户界面，用户可以与程序进行交互的界面。典型地，你将会指定你的应用程序中的一个活动为整个程序的入口点。
- 服务（Service）：服务是运行在后台的一段代码，用户不可见。它可以运行在它自己的进程，也可以运行在其他应用程序进程的上下文（context）里面，这取决于自身的需要。其他的组件可以绑定到一个服务（Service）上面，通过远程过程调用（RPC）来调用这个方法。例如媒体播放器的服务，当用户退出媒体选择用户界面，他仍然希望音乐依然可以继续播放，这时就是由服务（Service）来保证当用户界面关闭时音乐继续播放的。
- 内容提供者（Content Providers）：内容提供者（Content Providers）提供对设备上数据进行访问的数据仓库。在 Android 中，内容提供者统一了数据访问方式。典型的例子就是使用内容提供者来访问联系人列表。应用程序可以使用其他程序通过内容提供者提供的数据，同时也可以定义你自己的内容提供者来向其他应用提供数据访问服务。

内容提供者有一个基本的方法集合来帮助程序之间可以相互使用和存储数据，应用程序通过 ContentResolver 对象可以方便地调用内容提供者的数据内容。

- 广播接收者（Broadcast Receiver）：一个广播接收者就是可以接收广播并能作出反应的组件。在 Android 系统中有各种各样的广播，如反映电池电量变化的广播。一个应用程序可以通过广播接收来监听他关心的时间并作出反应。

  广播接收者不显示在用户界面上，它可以启动一个活动来反应某些信息。或者通过 Notification Manager 来提示用户，他们一般放一个图标在状态栏上，比如我们的短信信息状态栏。

3.3　Android 几个重要项目文件的讲解

我们在上面建立了一个程序 HelloWorld，我们看看 Android 自动建立的文件内容。

3.3.1　首先建立的 HelloWorld 类

当我们建立一个 Helloworld 应用程序时，在 src 文件夹中就会为其建立一个源代码文件 Helloword.java，打开文件我们可以看到里面的具体内容。

```
1: package com.android.Helloworld;
2: import android.app.Activity;
3: import android.os.Bundle;
4: public class HelloWorld extends Activity {
/* 当第一次创建时回调 Activity 方法 */
5:        @Override
6:      public void onCreate(Bundle savedInstanceState) {
7:              super.onCreate(savedInstanceState);
8:              setContentView(R.layout.main);
9:      }
10:         }
```

第 1 行表示包的名称。

2、3 行代码导入 Android 的包，包中包含将用到的类的定义。

4～10 行是 HelloWorld 类的主体，HelloWorld 类继承自 Activity，Android 中所有的用户界面展示的类都直接或间接继承自 Activity。

其中 5～8 行是一个重要的函数，这个函数重写 Actitity 中的 onCreate，每一个继承自 Activity 的子类都要重写该方法来初始化界面，其中第 5 行中 Override 表示方法的“重写”，是 Java 的关键字，第 8 行设置了 HelloWorld 这个 Activity 要展示的用户界面的配置文件，R.layout.main 是一个资源的常量，这个资源是对 main.xml 的一个间接引用，当程序启动时将 main.xml 文件中的内容展示给用户。main.xml 就是放在 res 下，layout 下面的文件 xml 布局文件，我们可以直接使用 R.layout.main 进行直接地引用，我们要做的只是把这个 xml 文件的索引给 Android，它会自动帮我们找到并使用。

3.3.2 main.xml 布局文件内容

Android 中的 main.xml 布局文件内容主要是有关用户界面布局和设计的，利用 XML 语言描述用户界面，主要为应用程序中使用的组件进行定义、设置界面属性值，以及组件使用的资源参考设置等。例如，布局文件中为组件设置属性：定义组件的 ID 号：android:id="@+id/id 名称"；布局参数：android:属性="属性值"等。

布局文件位于目录 res/layout 下，在此目录下找到 main.xml 文件，双击打开它，找到 main.xml 代码。

```
<?xml version="1.0" encoding="utf-8"?>  //xml 文件头，每个 xml 文件的声明语句，包括版本和编
                                          码方式
<LinearLayout
xmlns:android="http://schemas.android.com/apk/res/android"
 android:orientation="vertical"
 android:layout_width="fill_parent"
 android:layout_height="fill_parent"  >
<TextView   //文本组件描述
    android:layout_width="fill_parent"       //填满屏幕
    android:layout_height="wrap_content"     //填满组件控件
    android:text="@string/hello"             //应用资源文件
    />
</LinearLayout>
```

其中的黑体字符表示布局的关键字，主要表示组件在屏幕上的布局安排。

3.3.3 AndroidManifest.xml 内容

AndroidManifest.xml 是系统的控制文件，是整个项目的配置资源，它告诉系统如何处理你所创建的所有顶层组件（尤其是 Activitiy、服务、Intent 接收器和内容管理器）。应用程序在这里列出该程序实现的所有功能。举例来说，控制文件就是把你的活动（Activities）要接收的 Intents 连接在一起的连接带。

AndroidManifest.xml 存在于一个应用程序目录的根目录中，不能修改为其他名称。文件中包含了应用程序和消息对象用到的所有关系，只有在此文件中注册过的 API 才能被使用。在 Android 程序执行前，就会获取 AndroidManifest.xml 文件中的内容，如果找不到该文件或者文件内容有误，Android 系统将不能运行程序。图 3-3 是 AndroidManifest.xml 的内容结构。

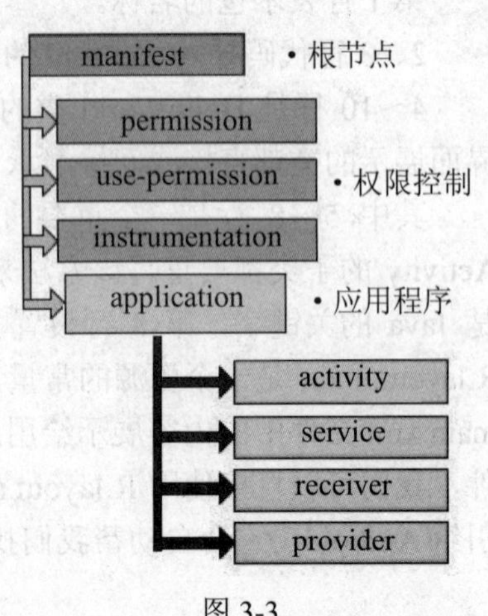

图 3-3

图 3-3 描述了 AndroidManifest.xml 文件的组成结构，<manifest> 文件根节点用来描述.apk 文件，其中 package 包属性必须给出，包括包名称、版本号等属性。permission 权限说明用来定义控制其他包对板报内的组件访问的权限对象。application 应用描述是应用组件的说明部分，包含

了包中的所有应用组件的属性描述，如果应用中使用的组件没有在此说明注册，那么系统在运行此应用程序时无法找到这个应用组件。

下面是 AndroidManifest.xml 的内容例子：

```
1 <?xml version="1.0" encoding="utf-8"?>
2 <manifest
      xmlns:android=http://schemas.android.com/apk/res/android
3 package="com.android.helloworld "> //定义应用程序的包名称
4 <application
      android:icon="@drawable/icon">
5 <activity                    //定义活动的内容
6   android:name="test"        //定义活动的名称
7   android:label="@string/app_name"> //定义 Android 应用程序的标签名称
8   <intent-filter>
9   <action android:name="android.intent.action.MAIN" />
10    <category android:name="android.intent.category.LAUNCHER" />
11    </intent-filter>
12 </activity>
13 </application>
14 </manifest>
```

第 2 行<manifest>元素是文件的根元素，是必须有的。xmlns:android 定义了 Android 的命名空间，使用指向 http://schemas.android.com/apk/res/android 文件。

第 3 行 package 属性是指定 Android 应用所在的包。

第 4 行<application>元素，这是非常重要的一个元素，开发的组件都会在这个元素下定义。这里是 Android 应用程序的图标，其中@drawable/icon 是一种资源引用方式，表示资源类型是图像，资源名称为 icon，对应的资源文件为 res/drawable 目录下的 icon.png。

第 5～12 行定义<activity>应用程序组件，这个元素的作用是注册一个 Activity 信息，Activity 在 Android 中属于组件，需要在功能清单文件中进行配置。

在前面章节中，当我们创建一个新的项目的时候，有一个多选框提示是否 create Activity，指定了一个指定的活动的名称（NameActivity），系统自动创建了一个名为 NameActivity.java 的文件。

其中第 8～11 行是 Android Intent 定义，intent-filter 描述了此 Activity 启动的位置和时间。每当一个 Activity（或者操作系统）要执行一个操作时，它将创建出一个 Intent 的对象，这个 Intent 对象能承载的信息可描述你想做什么、你想处理什么数据、数据的类型以及一些其他信息。而 Android 则会和每个 Application 提供的 intent-filter 的数据进行比较，找到最合适的 Activity 来处理调用者所指定的数据和操作，具体指示我们在后面章节介绍。

3.3.4　其他的文件

1. string.xml 文件

res 目录下有一个 value 子目录，其下有一个 string.xml 文件，这个文件是用来存放所有文本信息和数值的。

使用 string.xml 文件主要有两个目的：一是为了程序国际化，程序的开发如果面向的用户不同，界面文字的显示信息就不同，比如面向中国的用户，我们的屏幕显示就应该使用中文信息，而使用其他语言的用户就需要本国的语言提示，所以用一个 string.xml 文件把所有屏幕中出现的文字信息都集中存储，当需要改变程序的文字显示时，只需修改 sting.xml 文件内容，无需修改主程序。其二，主要是为了减少文字的重复使用，降低数据冗余，当一个提示信息需要在程序中使用多次时，就可以放在 string.xml 文件中，需要的时候只需要引用就可。

string.xml 文件详解：

```
<?xml version="1.0"encoding="utf-8"?>
<resources>
<string name="hello">HelloWorld,HelloActivity!</string>
<string name="app_name">Android,你好！ </string>
</resources>
```

每个 string 标签声明了一个字符串，name 属性指定引用名。标注：value 文件下可有多个 xml 文件，不同的类别可以用不同名字的 xml 文件写，但根元素必须都是<resources>，只有这样才能识别调用资源。例如：arrays.xml，colors.xml，dimens.xml 等。

2. R.java 文件

Android 应用程序目录 gen 下保存的是项目的所有包及源文件（.java），gen 目录下包含了项目中的所有资源。

而.java 格式的文件是在建立项目时自动生成的，这个文件是只读模式，不能更改。R.java 文件是定义该项目所有资源的索引文件。

```
package com.android.helloworld;
public final class R {
    public static final class attr {
    }
    public static final class drawable {
        public static final int icon=0x7f020000;
    }
    public static final class layout {
        public static final int main=0x7f030000;
    }
    public static final class string {
        public static final int app_name=0x7f040001;
        public static final int hello=0x7f040000;
    }
}
```

在上述代码中定义了很多常量，并且这些常量的名字都与 res 文件夹中的文件名相同，这是因为.java 文件中所存储的是该项目所有资源的索引。有了这个文件，在程序中使用资源将变得更加方便，可以很快地找到要使用的资源。由于这个文件不能被手动编辑，所以当在项目中加入新的资源时，只需刷新一下该项目，.java 文件便自动生成了所有资源的索引。

3.4 在模拟器上运行项目

在开发环境中运行 Android 项目，单击工具栏的“运行”按钮，或选择菜单 Run->Run，或右键 HelloWorld 项目文件夹，会弹出 Run As 对话框，选择 Android Application，单击 OK 按钮。运行效果如图 3-4 所示。

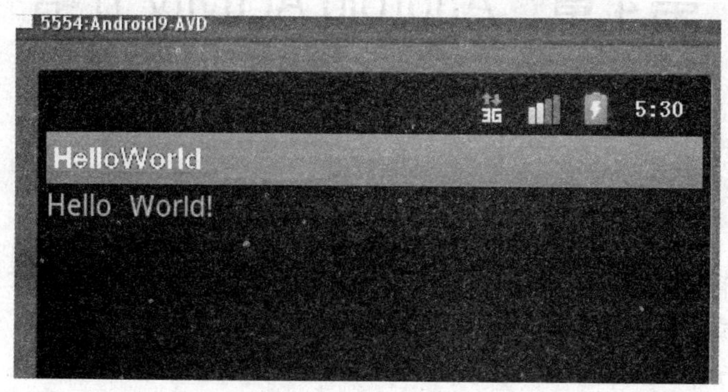

图 3-4

3.5　打包 Android 程序

当一个 Android 程序编写完成后，可以将程序打包，方便在移动手机上运行，Android 操作系统可以方便地实现打包程序，不会因为手机厂商不同实现不同的打包程序，这样可以方便开发人员进行程序打包。

用户在 Eclipse 中可以方便地实现程序的打包工作。Android 应用程序使用 Java 做为开发语言。aapt工具把编译后的 Java 代码连同其他应用程序需要的数据和资源文件一起打包到一个 Android 包文件中，文件使用.apk 做为扩展名，它是分发应用程序并安装到移动设备的媒介，用户只需下载并安装此文件到他们的设备。单一.apk 文件中的所有代码被认为是一个应用程序。

在本章中，我们介绍了在 Android 系统中建立一个程序项目的过程，应用程序工程包含的主要目录和文件。应用程序工程模拟测试以及程序打包应用的过程，通过本章学习，对 Android 程序设计流程有一个初步的了解。

1．Android 应用程序组件有哪些？
2．Manifest 文件的主要作用？
3．Android 四大组件是什么？

第 4 章　Android Activity 介绍

本章学习目标

- Activity 作用
- Activity 程序的基本组成
- Activity 与 Android 项目中主要组成部分
- Android 文件结构

4.1　Activity 介绍

在 Android 系统中，Activity 是一个可见的、人机交互的界面，主要处理前端事务，接收用户的动作指令。在 Activity 中存放各个显示控件，这些控件可以是显示菜单、下拉菜单、文本输入等。程序的界面风格就是 Activity 设计风格。Activity 是 Android 的基本组成部分。

Activity 是提供视图（View）控件绘制的环境，我们可以认为一个 Activity 是视图组件的一个容器。通常在应用程序中一个 Activity 是单独的一个屏幕，一个 Android 程序将由多个 Activity 程序组成。通常一个应用程序中第一个呈现给用户的 Activity（活动）称为主活动（Main Activity）。

Activity 负责处理自己当前屏幕的内容，包括界面、菜单、填出菜单、程序执行等。当我们从一个屏幕画面切换到另一个屏幕画面的时候，就涉及了 Activity 之间的切换。

当 Activity 进行切换时，Activity 切换活动有两种类型，以是否需要与其他 Activity 交换资料分为“独立”Activity 与“相依”的 Activity。不同类型的 Activity，其动作也不尽相同：

1. 独立 Activity 活动

独立的 Activity 是不需要从其他地方取得信息的 Activity。只是单纯的从一个屏幕跳到下个屏幕，不涉及信息的交换。从一个独立的 Activity 呼叫另一个独立的 Activity 时，我们只要填好意图（Intent，一种携带参数信息的 Android 组件）的内容和动作，使用 startActivity() 函数调用，即可建立起独立的 Activity。

2. 相依的 Activity 活动

相依的 Activity 是需要与其他 Activity 交换信息的一种 Activity。相依的 Activity 又可再分为单向与双向；从一个屏幕跳到下一个屏幕时，将会把一些参数提供给下一个屏幕（Activity）使用，就是单向相依的 Activity；要在两个屏幕之间切换，屏幕上的信息会因另一个屏幕的操作而改变的，就是双向相依的 Activity。

创建一个 Activity

一个 Activity 通常显示为一个窗口，这个窗口会占满整个屏幕，不过，这个窗口的大小也是可以调整的。

一个活动的窗口中有很多可见内容，我们称之为控件或者 View，这些 View 一般具有层次关系，都继承 View 类。用户通过操作这些 View 或控件提交要求获得需要的信息，因此 Activity 为用户和 View 之间的交互提供了场地。Android 中也为程序开发者提供了许多可以直接使用的 View 控件，包括 buttons（按钮）、text fields（文本输入）、menu items（菜单选项）、check boxes（选项）等组件。

1. 创建 Activity

创建 Activity 本身很简单，需要的步骤如下：

（1）继承 Activity 类。创建一个 Activity，必须继承 Activity 类或其子类，并重写相关的回调函数，其中最重要的两个函数是 onCreate()和 onPause()函数。

（2）实现 Activity 的回调方法：比如 onCreate()方法，一定要记得在里面回调父类的 onCreate 方法和 setContentView 方法，由父类去布局界面。改写 onCreate 方法，代码实例如下：

```
package com.TestDemo.activity;
import android.app.Activity;
import android.os.Bundle;
public class MyActivity01Activity extends Activity {
        /* 当第一次创建时回调 Activity 方法 */
        @Override
        public void onCreate(Bundle savedInstanceState) {
        super.onCreate(savedInstanceState);
        setContentView(R.layout.main);
    }
}
```

（3）创建 Activity 里面具体的 View 组件，并设置它们的属性和布局方式。例如添加 TextView 控件，打开 Layout 文件下的 main.xml，所有的控件都要在此文件中注册。

```
<?xml version="1.0" encoding="utf-8"?>
    <LinearLayout
    xmlns:android="http://schemas.android.com/apk/res/android"
            android:layout_width="fill_parent"
            android:layout_height="fill_parent"
            android:orientation="horizontal" >
        <TextView
        android:id="@+id/text"
            android:layout_width="wrap_content"
            android:layout_height="wrap_content"
            android:text="Hello, world" />
    </LinearLayout>
```

（4）具体的绘制界面的工作。

这样一个 Activity 就创建好了。创建好的活动 Activity 要能正常使用，需要完成下面一些工作。

2. 使用 Activity

要使用 Activity 也比较简单，Activity 的使用有两种方式，一是作为程序启动后展现的界面；第二就是从另外的地方调用。

不管是哪种使用方式，任何 Activity 都必须要在 AndroidManifest.xml 文件中进行配置，也就是注册过程，注册过的 Activity 才能使用。

在 AndroidMainfest.xml 中注册如下：

```
……
<activity
android:name=".MyActivity01Activity" //Activity 类名
android:label="@string/app_name">   //Activity 标签
  <intent-filter>    //该 Activity 的意向过滤信息，指明该 Activity 允许的动作和分类
        <action android:name="android.intent.action.MAIN" />
        <category android:name="android.intent.category.LAUNCHER" />
        </intent-filter>
</activity>
```

3. 启动 Activity

运行程序如 4-1 所示

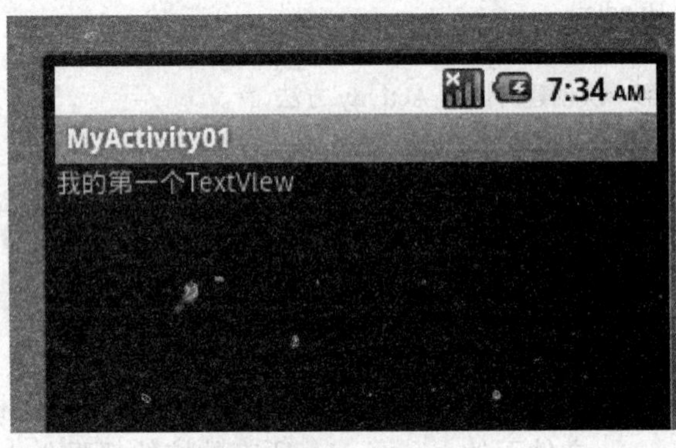

图 4-1

4. 关闭 Activity

Activity 可以通过调用它自己的方法 finish()来关闭，同时一个 Activity 可以通过方法 finishActivity()来关闭另一个 Activity。

4.2 Activity 生命周期

所谓周期就是从开始到结束的一个轮回，Activity 的主要功能是与用户打交道，Activity 的生命周期就是从建立一个 Activity 到这个 Activity 活动结束。下面的图显示了 Activity 的重要状态转换，矩形框表明 Activity 在状态转换之间的回调接口，开发人员可以重载实现以便执行相关代码，椭圆形表明 Activity 所处的状态。

在图 4-2 中的 Activity 七个生命周期函数：

```
void onCreate(Bundle savedInstanceState)
void onStart()
void onRestart()
void onResume()
```

```
void onPause()
void onStop()
void onDestroy()
```

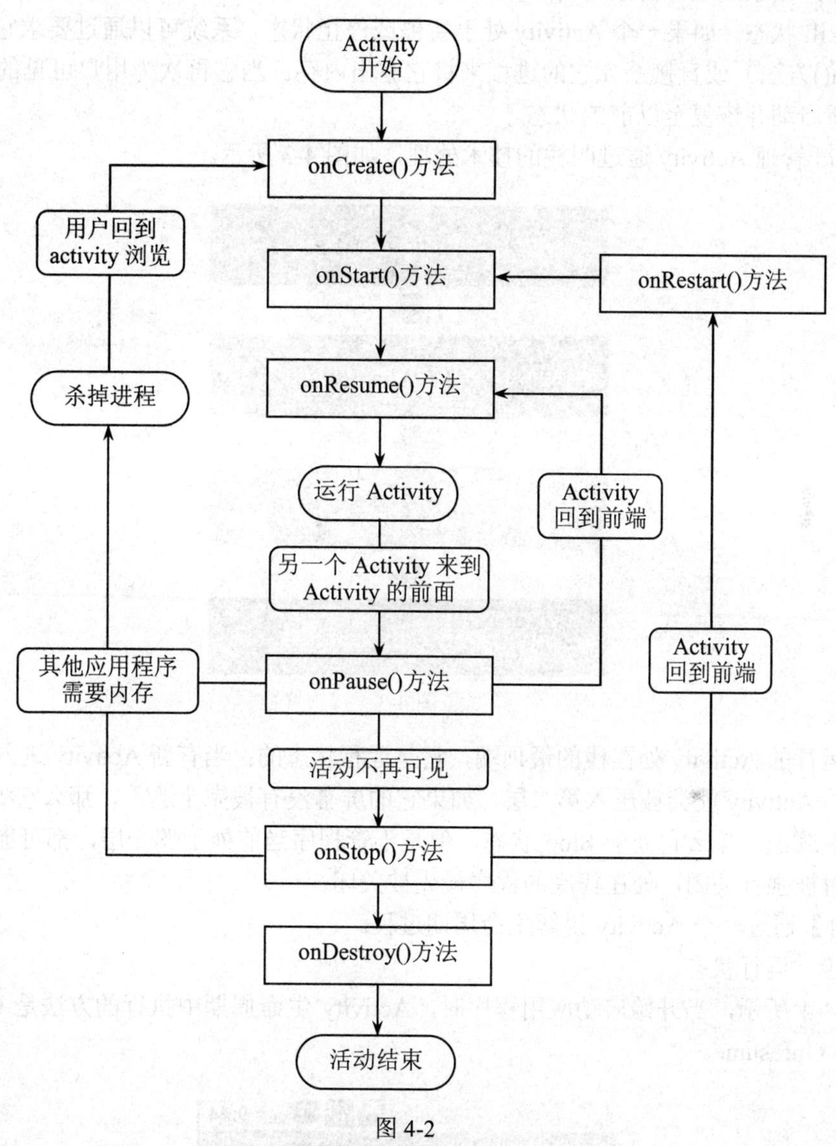

图 4-2

从图 4-2 我们知道，一个 Activity 主要有 4 个状态：

（1）运行状态。当 Activity 在屏幕前台时（位于当前任务堆栈的顶部），它是活跃或运行的状态。此时它对应用户操作的 Activity，比如向用户提供信息、捕获捕获用户动作等。

（2）暂停状态。当一个 Activity 失去焦点但仍然对用户可见时，它处于暂停状态。也就是被另外一个 Activity 取代。这个 Activity 也许是透明的，或者未能完全遮蔽全屏，所以被暂停，但是这个 Activity 仍对用户可见。暂停的 Activity 仍然是存活状态（它保留着所有的状态和成员信息并连接至窗口管理器），但当系统处于极低内存的情况下，仍然可以杀死这个 Activity。

（3）停止状态。如果一个 Activity 完全被另一个 Activity 覆盖，那它处于停止状态。它仍然保留所有的状态和成员信息。然而它不再被用户可见，它的窗口也将被隐藏，如果其他地方需要内存，则系统经常会杀死这个 Activity。

（4）kill 状态。如果一个 Activity 处于暂停或停止状态，系统可以通过要求它结束（调用它的 finish()方法）或直接杀死它的进程来将它驱出内存。当它再次为用户可见的时候，它只能完全重新启动并恢复至以前的状态。

Android 管理 Activity 通过叫栈的技术处理，如图 4-3 所示。

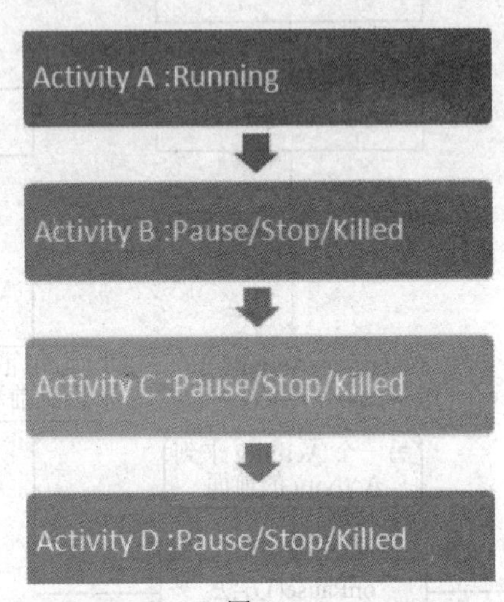

图 4-3

正在运行的 Activity 处在栈的最顶端，它是运行状态的；当有新 Activity 进入屏幕最上端时，原来的 Activity 就会被压入第二层，如果它的屏幕没有被完全遮盖，那么它处于 Pause 状态，如果被遮盖，那么它处于 Stop 状态。但是不管程序当前处于哪一层，都可能在系统觉得资源不足时被强行关闭，处在栈底的程序最先被关闭。

【例 1】通过一个 Activity 讲解生命周期过程。

第一步，运行状态。

如图 4-4 所示，当开始启动应用程序时，Activity 生命周期中执行的方法是 OnCreate()、onStart()与 Onresume。

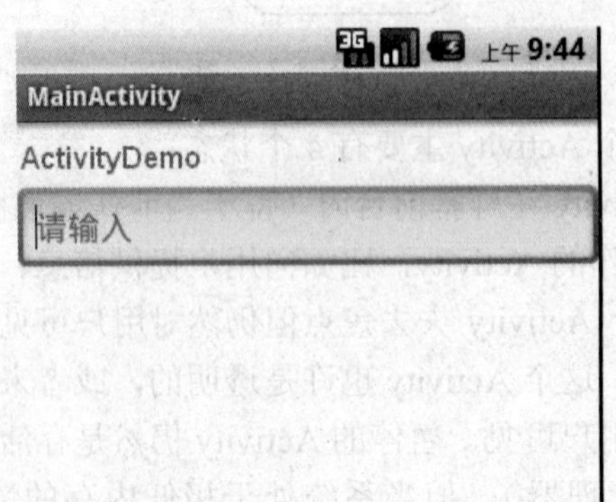

图 4-4

第二步，暂停状态。

输入文字后，按 Home 键，程序会在后台运行，执行的方法会是：onPause()，onStop()。当再次启动该程序，执行的方法会是：onRestart()，onStart()，onResume()，并且刚才输入的文字会显示在文本框里，如图 4-5 所示。

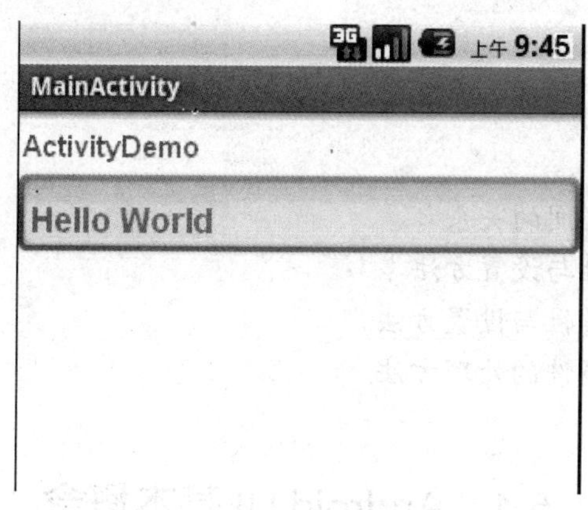

图 4-5

第三步，停止状态。

按回退键，会退出程序，执行的方法是：onPause()，onStop()，onDestroy()。

再次执行该程序，会执行的方法：onStart()与 Onresume，活动重新被创建的。

本章主要介绍了 Android 系统中四大组件之一 Activity 活动的主要知识，介绍了 Activity 的生命周期过程、概念以及方法。

1. Activity 的主要功能是什么？
2. Activity 的生命周期包括几个部分？
3. 简述 Activity 的几个生存状态。
4. 简述 Activity 的建立过程。

第 5 章　UI 基本组件

- 了解组件、视图之间的关系
- 掌握基本控件属性与设置方法
- 掌握布局控件的属性与设置方法
- 掌握基本的按键事件的处理方法

5.1　Android UI 基本概念

当用户与计算机程序打交道时，必须有可视的一个界面，用户和计算机操作的界面被称为视图，在视图上面布置了各种组件，例如按钮、文本输入框、下拉列表框等。这些组件被称为 UI（用户接口组件），可以方便用户与界面交互操作。

在一个 Android 应用中，用户界面是由View和ViewGroup对象构建的。View 与 ViewGroup 都有很多种类，而它们都是View类的子类，如图 5-1 所示。

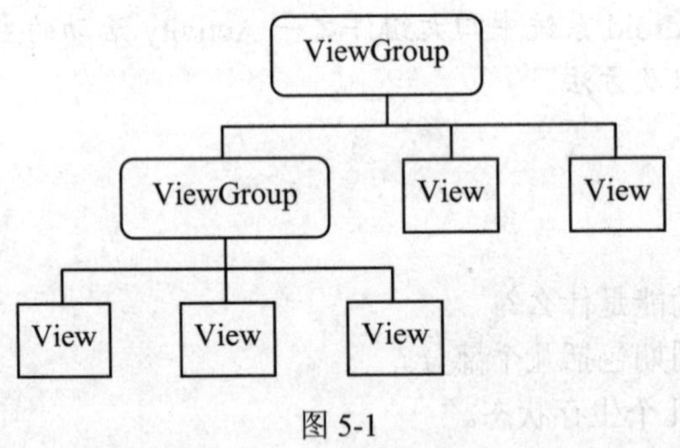

图 5-1

View 类的结构如下：

java.lang.Object

android.view.View

表 5.1 是 View 组件常用的属性与方法。

表 5.1　View 组件常用的属性与方法

属性名称	对应方法	描述
android:background	setBackgroundResource(int)	设置背景
android:clickable	setClickable(boolean)	设置 View 是否响应单击事件

续表

属性名称	对应方法	描述
android:visibility	setVisibility(int)	控制 View 的可见性
android:focusable	setFocusable(boolean)	控制 View 是否可以获取焦点
android:id	setId(int)	为 View 设置标识符，可通过 findViewById 方法获取
android:longClickable	setLongClickable(boolean)	设置 View 是否响应长单击事件
android:soundEffectsEnabled	setSoundEffectsEnabled(boolean)	设置当 View 触发单击等事件时是否播放音效
android:saveEnabled	setSaveEnabled(boolean)	如果未作设置，当 View 被冻结时将不会保存其状态
android:nextFocusDown	setNextFocusDownId(int)	定义当向下搜索时应该获取焦点的 View，如果该 View 不存在或不可见，则会抛出 RuntimeException 异常
android:nextFocusLeft	setNextFocusLeftId(int)	定义当向左搜索时应该获取焦点的 View
android:nextFocusRight	setNextFocusRightId(int)	定义当向右搜索时应该获取焦点的 View
android:nextFocusUp	setNextFocusUpId(int)	定义当向上搜索时应该获取焦点的 View

在 Android 组件中，View 是一个大类，而且 View 本身提供了大量的属性和方法，上表中只是列出了一些常见的配置属性和方法。

Android UI 采用的界面框架为 MVC 模型（Model-View-Controller），其中模型（Model）用于保存数据和程序代码，View 视图是用户界面和图像，控制器（Controller）处理用户输入，管理数据，如图 5-2 所示。

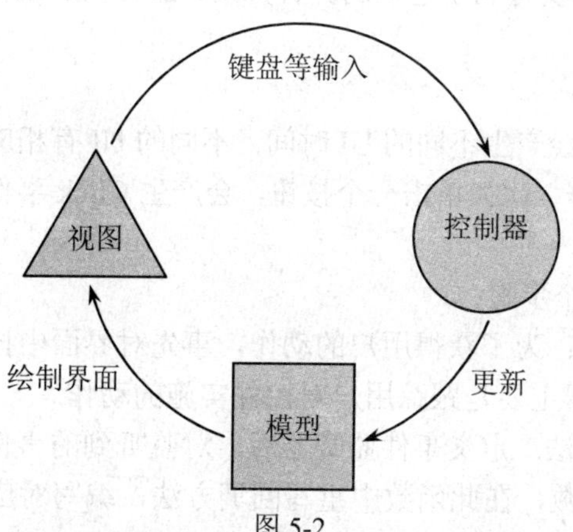

图 5-2

在 MVC 模型中，控制器接受并响应在视图中对象的外部动作，如按键动作或触摸屏动作等，调用控制器中的动作；控制器使用队列处理外部动作，每个外部动作作为一个独立的时间加入到队列中，按照“先进先出”的原则获取事件，并将事件分配给对应的事件处理函数。

可以从下面几个方面理解 Android UI。

1. Android UI 布局

在 Android 中可以通过布局文件定义控件在界面中的布局，定义布局最普通的方式是使用 xml 文件，xml 有很好的可读性，类似 HTML。xml 文件中的每个元素代表了一个 view 类或 view 子类，元素名字对应相应的 java 类，如<TextView>对应 TextView 类。简单的布局文件如下：

```
<?xml version="1.0" encoding="utf-8"?>
<LinearLayout
xmlns:android="http://schemas.android.com/apk/res/android"
    android:layout_width="fill_parent"          //填充整个屏幕宽度
    android:layout_height="fill_parent"         //填充整个屏幕高度
    android:orientation="verticle" >            //组件按照水平方向排列
<TextView
     android:id="@+id/txtDemo"
     android:layout_width="12pt"                //宽度为文字高度为 100 像素
     android:layout_height="wrap_content"       //宽度为文字高度
     android:textColor="@android:color/white"
     android:text=" This is some text"
>
```

代码说明：

- LinearLayout：线性布局根元素名。
- xmlns:android=http://schemas.android.com/apk/res/android：命名空间。
- android:layout_width，android:layout_height：布局宽度和高度设置。
- TextView：文本控件。
- android:id：标识控件的 id 标识，id 在文件中必须唯一。

使用 xml 文件定义布局，主要是移动设备用户界面的设计需要解决界面设计（布局）与程序逻辑完全分离，这样不仅有利于它们的并行开发，而且在后期修改界面时，也不用再次修改程序的逻辑代码。

2. UI 事件

当用户与 UI 交互时，会产生不同的 UI 时间，不同的 UI 有相应的事件处理方法（函数），处理用户的输入与处理数据。比如单击一个按钮，会产生 Click 事件，根据捕捉到的事件产生相应的处理。

UI 事件处理一般有两个步骤：

（1）定义事件监听器：为了获得用户的动作，事先对界面中控件定义事件监听器，并注册事件监听器。事件监听器主要是跟踪用户对控件实施的动作。

（2）定义事件处理方法：定义事件监听器后，对监听到的事件将进行处理，因此，需要定义处理函数 onClick()函数，在此函数中重写回调方法，编写对应动作的处理代码，完成用户的要求。

一般一个 Android 应用程序的 UI 组件可分为两大类，分别是 Widget（基本组件）和 Layout（布局）类。而它们的根类都是 View 类，UI 组件相关类大部分都放在 Android.widget 包中。

Widget 组件：是 UI 的基本单位，我们不能在这类组件中放入放入其他的组件。常见的 Widget 组件中有：Button（按钮），EditText（文本输入框）、CheckBox（复选框），ImageButton、

Checkbox（复选框）、RadioButton（单选按钮）、Spinner（下拉菜单）、ListView（列表菜单）和 TabHost。

Layout 组件：类似于一个容器，在这类组件中可以放入其他的组件，就是其他控件的布局方法。LinearLayout、RelativeLayout、TableLayout 就属于这类组件。

5.2　Widget 组件

在 Android SDK 中有一个 android.widget 包，包 Widget 中包含了大量的基本控件类，它们都属于系统提供的控件，这些基本类可以放置在 Activity 界面中，主要功能就是方便用户与 Android 系统交互。这些控件具有相关类属性与方法，编程人员可以利用这些属性与方法对界面中的控件进行设置。

常见的系统控件包括 TextView、EditText、Button、ImageButton、Checkbox、RadioButoon、ListView 等。

5.2.1　文本显示组件（TextView）

TextView 组件是专门用来显示文字，不管是提示文字还是显示文字都可以使用 TextView 组件来显示。一个 TextView 组件将在 UI 中生成一个TextView。Textview 定义如下：

```
java.lang.Object
android.view.View
android.widget.TextView
```

此组件常用的方法和属性如表 5.2 所示。

表 5.2　TextView 基本属性表（部分）

属性名称	描述
android:text	设置显示文字
android:maxLength	设置显示的文本长度，超出部分不显示
android:textColor	设置文本颜色
android:textSize	设置文字大小，推荐度量单位“sp”，如“15sp”
android:textStyle	设置字形[bold（粗体）0，italic（斜体）1，bolditalic（又粗又斜）2]可以设置一个或多个，用“|”隔开
android:selectAllOnFocus	如果文本是可选择的，让它获取焦点而不是将光标移动
android:password	以小点“.”显示文本，即密文方式显示文本
android:autoLink	设置是否当文本为 URL 链接/email/电话号码/map 时，文本显示为可点击的链接。可选值（none/web/email/phone/map/all）
android:phoneNumber	设置为电话号码的输入方式
android:scrollHorizontally	设置文本超出 TextView 的宽度的情况下，是否出现横拉条
android:textColor	设置文本颜色

在使用 TextView 需要两个步骤，首先需要在 main.xml 文件中对组件进行说明，说明时使用<TextView>即可，然后在 Java 主程序中调用配置好的文件。

【例 1】使用表中的属性建立一个文本显示框和文本编辑框。

（1）打开 layout 目录下的 main.xml 布局文件，添加一段 xml 代码如下：

```
<?xml version="1.0" encoding="utf-8"?>
<LinearLayout
xmlns:android="http://schemas.android.com/apk/res/android"
    android:layout_width="fill_parent"                        //填充整个屏幕宽度
    android:layout_height="fill_parent"                       //填充整个屏幕高度
    android:orientation="verticle" >                          //组件按照水平方向排列
<TextView //文本显示框
      android:id="@+id/txtDemo"                               //为 TextView 指定标识号
      android:layout_width="12pt"                             //宽度为文字高度为 100 像素
      android:layout_height="wrap_content"                    //宽度为文字高度
      android:textColor="@android:color/white"                //字体颜色为白色
      android:marqueeRepeatLimit="marquee_forever"            //当文本超出宽度时，允许出现横拉条
      android:focusableInTouchMode="true"                     //初始选中并获得焦点
      android:scrollHorizontally="true"                       //允许垂直方向滚动
      android:text=" This is some text"                       //直接设置将显示的文本
/>
 <EditText //文本编辑框
android:id="@+id/eTxtDemo"
android:layout_width="fill_parent"
android:layout_height="wrap_content"
android:focusable="true"
/>
</ LinearLayout >
```

（2）完成配置后需要在 Activity 程序代码添加 Java 代码，与配置相关联。

```
package com.lang.demo;
import android.app.Activity;
import android.os.Bundle;
import android.util.Log;
import android.view.View;
import android.widget.EditText;
import android.widget.TextView;

public class TextViewDemo extends Activity {
private static TextView txt1;
private static EditText txt2;

@Override
public void onCreate(Bundle savedInstanceState) {
super.onCreate(savedInstanceState);
setContentView(R.layout.main);          //把主程序和配置文件关联起来
                                        //下面是从布局文件中获得 ID
txt1 = (TextView) findViewById(R.id.txtDemo);
```

```
txt2 = (EditText) findViewById(R.id.eTxtDemo);
txt1.setText("This is some text.");            //显示文本框内容

}
}
```

程序运行效果如图 5-3 所示。

图 5-3

【例 2】在文字显示上增加超链接。

在 main.xml 中增加如下 xml 代码：

```
<TextView
android:layout_width="14pt"                              //宽度为文字高度为 100 像素
android:layout_height="wrap_content"                     //宽度为文字高度
android:textColor="@android:color/white"                 //字体颜色为白色

android:focusable="true"                                 //初始选中并获得焦点
android:marqueeRepeatLimit="marquee_forever"             //当文本超出宽度时，允许出现横拉条
android:focusableInTouchMode="true"                      //初始选中并获得焦点
android:scrollHorizontally="true"                        //允许垂直方向滚动
android:text=" www.baidu.com "                           //设置显示文本
android:autolink="web "                                  //设置链接类型
>
</TextView>
```

显示效果如图 5-4 所示。

图 5-4

控件 TextView 是 Widget 包中最基本的类，TextView 的使用其实非常丰富，通过设置 TextView 不同的属性，可以再界面中很好地控制它的使用。

5.2.2 编辑框 EditText

文本显示框 TextView 的功能是显示文字，而如果用户要定义输入的文本，进行人机交互，让程序接收用户的信息，就需要使用文本编辑框组件来完成。如最简单的登录界面中输入用户名和密码操作。

文本编辑框 EditText 是 TextView 的子类，所以在 TextView 的各个属性和方法在此类中可继续使用。此组件类的定义如下：

```
java.lang.Object
    android.view.View
        android.widget.TextView
            android.widget.EditText
```

EditText 的部分属性如表 5.3 所示。

表 5.3 EditText 的部分属性

属性名称	描述
android:text	设置文本内容
android:textColor	设置字体颜色
android:textSize	设置文字大小
android:textStyle	设置字形[bold（粗体）0，italic（斜体）1，bolditalic（又粗又斜）2] 可以设置一个或多个，用“|”隔开
android:password	以小点“.”显示文本，即密文方式显示文本
android:textColorHighlight	设置文本颜色高亮
android:layout_gravity	设置控件显示的位置：默认 top，还有 center 与 bottom
android:hint	设置显示在组件上的提示信息
android:numeric	设置输入数据类型，如整数 integer，小数 decimal
android:singleLine	设置单行输入

使用 EditView 组件，同样需要在 xml 文件中增加代码，然后在 Java 主程序中关联配置文件，与使用 TextView 组件相似。

【例 3】在界面上布局一个文本显示、一个文本编辑以及一个按钮。

（1）main.xml 布局文件内容。

```
<?xml version="1.0" encoding="utf-8"?>
<LinearLayout
    xmlns:android="http://schemas.android.com/apk/res/android"
    android:layout_width="fill_parent"
    android:layout_height="fill_parent"
    android:orientation="vertical" >

    <TextView
```

```
        android:layout_width="fill_parent"
        android:layout_height="wrap_content"
        android:text="@string/hello"
        android:id="@+id/tv"
        />
    <EditText
        android:layout_width="fill_parent"
        android:layout_height="wrap_content"
        android:hint="提示消息"
        android:id="@+id/et"
        />
</LinearLayout>
```

我们看到，使用 EditText 与使用 TextView 非常相似，只需要把<TextView>标签改为<EditText>标签即可。

（2）String.xml 文件内容。在这里我们引入了 String.xml 文件，主要是定义两个字符串内容，在 Java 程序中就可以使用字符串。

```
<?xml version="1.0" encoding="utf-8"?>
<resources>
    <string name="hello">Hello World,EditTextProject</string>
    <string name="app_name">EditTextProject</string>
</resources>
```

（3）Activity Java 程序内容。

```
package org.lang.editText;

import android.app.Activity;
import android.os.Bundle;
import android.view.View;
import android.widget.EditText;
import android.widget.TextView;

public class EditTextProject extends Activity implements OnClickListener{
        private EditText edit1;//创建一个文本编辑的对象
        private EditText edit2;//创建另一个文本编辑的对象
        private TextView tv; //创建一个文本框对象

    @Override
    public void onCreate(Bundle savedInstanceState) {
        super.onCreate(savedInstanceState);
        setContentView(R.layout.main);
         //从 string.xml 文件中得到文本框将显示的字符串数据
         String str1=(String) this.getResources().getText(R.string.hello);
         String str2=(String) this.getResources().getText(R.string.app_name);
         edit1.setText(str1); //显示文本框内容
         edit2.setText(str2)

    }

}
```

运行效果如图 5-5 所示。

图 5-5

5.2.2 按钮组件 Button 和 ImageButton

一般用户在人机界面中最常使用的组件之一就是按钮 Button，Button 是各种 UI 中最常用的控件之一，它同样也是 Android 开发中最受欢迎的控件之一，用户可以通过触摸它来触发一系列事件。因此，按钮组件与其他组件稍微不一样的是它需要添加单击动作事件来完成一些任务。

Android SDK 包含两个在你的布局中可以使用的简单按钮控件：Button（android.widget.Button）和 ImageButton（android.widget.ImageButton）。这两个控件的功能很相似，不相同的地方基本上就是外观上；Button 控件有一个文本标签，而 ImageButton 使用一个可绘制的图像资源来代替。

Android 系统有一个很好的可视化的面向移动设备的用户界面。用户一般喜欢有图标的按钮而不是仅仅只有文字的按钮，这样比较生动。按钮类继承了类 TextView，结构如下：

```
public class Button extends TextView
    java.lang.Object
        android.view.View
            android.widget.TextView
                android.widget.Button
```

因为 Button 按钮组件继承了类 TextView，类 TextView 的属性 Button 按钮也可使用。比如 android.id 设置 ID 属性，android.text 文本属性等。

使用按钮（Button）组件过程与文本组件相似，现在 xml 配置文件中添加 Button 布局代码，需要在 Java 代码中添加按钮对象，然后添加单击事件的响应代码。

【例 4】建立一个 buttonDemo 的程序，包含 Button 和 ImageButton 两个按钮，上方是“Button 按钮”，下方是一个 ImageButton 控件。

在 xml 布局文件中代码示例如下：

```
<?xml version="1.0" encoding="utf-8"?>
    <LinearLayout
    xmlns:android="http://schemas.android.com/apk/res/android"
```

```
android:layout_width="fill_parent"
        android:layout_height="fill_parent"
android:orientation="vertical" >

<Button
//下面是定义按钮的高度、宽度和内容，其他的属性可以根据需要添加
android:id="@+id/Bt01"
        android:layout_width="wrap_content"
        android:layout_height="wrap_content"
        android:text="Button01" >
/>
<ImageButton
android:id="@+id/ImageButton01"
        android:layout_width="wrap_content"
        android:layout_height="wrap_content">
/>  //定义 ImageButton 控件的高度和宽度，但是没定义显示的图像，在后面的代码中进行定义
</LinearLayout>
```

在开始 Activity Java 代码程序前，需要引入资源文件，就是把在 Java 程序中应用的资源放置到相应的目录下，将 download.png 图片文件拷贝到/res/drawable 文件夹下，在/res 目录上选择 Refresh，这样新添加的文件将显示在/res/drawable 文件夹下，R.java 文件内容也得到了更新，否则程序提示无法找到资源的错误。

Activity Java 代码内容如下：

```
package com.lang.demo;
import android.app.Activity;
import android.os.Bundle;
import android.util.Log;
import android.view.View;
import android.widget.button;
import android.widget.imagebutton;

public class buttonDemo extends Activity {
private static button btn01;
private static ImageButton btn02;
Button button = (Button)findViewById(R.id.Bt01);//引入 xml 文件定义的控件
ImageButton imageButton =(ImageButton)findViewById(R.id.ImageButton01);
button.setText("Button 按钮");
imageButton.setImageResource(R.drawable.download);
            //将 png 文件 R.drawable.download 传递给 ImageButton

@Override
public void onCreate(Bundle savedInstanceState) {
super.onCreate(savedInstanceState);
setContentView(R.layout.main);
final TextView textView = (TextView)findViewById(R.id.TextView01);

//以下代码注册事件监听器
```

```
button.setOnClickListener(new View.OnClickListener() {
        public void onClick(View view) {
            textView.setText("Button 按钮");
        }
});
imageButton.setOnClickListener(new View.OnClickListener() {
        public void onClick(View view) {
            textView.setText("ImageButton 按钮");
        }
});
//以下代码定义单击事件
Button.OnClickListener buttonListener = new Button.OnClickListener(){
        @Override
        public void onClick(View v) {      //实现单击后的处理动作
            switch(v.getId()){
                case R.id.Button01:
                    textView.setText("Button 按钮");
                    return;
                case R.id.ImageButton01:
                    textView.setText("ImageButton 按钮");
                    return;
            }
}};
```

使用 setOnClickListener(OnClickListener)方法来设置监听，参数是 OnClickListener 接口，在接口中使用 onClick()方法，在该方法内完成需要的逻辑处理。

运行效果如图 5-6 所示。

图 5-6

【例 5】在屏幕上布局三个组件、文本框、文本编辑框以及一个图片按钮。

（1）main.xml 布局文件内容

```
<?xml version="1.0" encoding="utf-8"?>
<LinearLayout
        xmlns:android="http://schemas.android.com/apk/res/android"
android:layout_width="fill_parent"
        android:layout_height="fill_parent"
```

```
        android:orientation="vertical" >

    <TextView
        android:layout_width="fill_parent"
        android:layout_height="wrap_content"
        android:text="@string/hello"
        android:id="@+id/tv"
        />
            <EditText
        android:layout_width="fill_parent"
        android:layout_height="wrap_content"
        android:id="@+id/et"
        />
    <ImageButton
        android:layout_width=" wrap_content"
        android:layout_height="wrap_content"
        android:src="@drawable/ icon1"     //事先需要把 icon1 文件引入到资源文件中
        android:layout_gravity="left"/>
        />
    </LinearLayout>
```

（2）Activity Java 程序文件代码示例：

```
package com.lang.demo;
import android.app.Activity;
import android.os.Bundle;
import android.util.Log;
import android.view.View;
import android.widget.EditText;
import android.widget.TextView;

public class buttonDemo extends Activity {
private static TextView txt1;
private static EditText txt2;
private static ImageButton btn1;

@Override
public void onCreate(Bundle savedInstanceState) {
super.onCreate(savedInstanceState);
setContentView(R.layout.main);
//下面是从布局文件中获得 ID
txt1 = (TextView) findViewById(R.id.txtDemo);
txt2 = (EditText) findViewById(R.id.eTxtDemo);
btn1 = (ImageButton) findViewById(R.id.icon1);
txt1.setText("This is some text.");          //显示文本框内容
btn1.setImageResource(R.drawable.log);   //显示在 drawable 目录中的图片

}
}
```

Java 代码中没有添加按钮单击事件代码。

运行效果如图 5-7 所示。

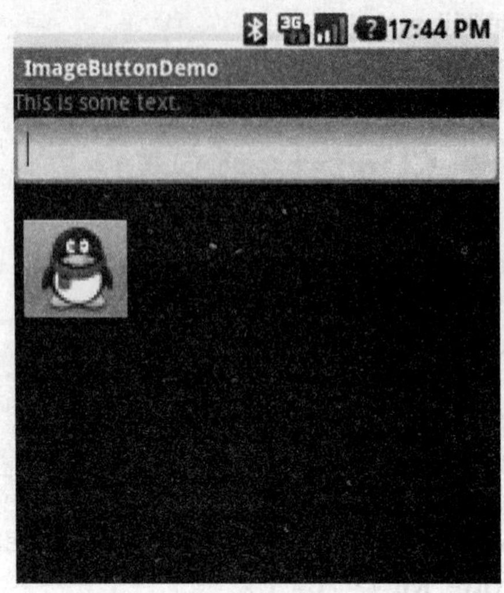

图 5-7

5.2.3 单选框 RadioGroup

单选按钮一般在程序中为用户提供多选一的操作模式，也是常见的组件之一，例如在选择性别时，只能从“男”、“女”选项中选择一种，定义 2 个 RadioButton，分别是“男”与“女”选项。

实现单选按钮由两部分组成，分别是 RadioButton 和 RadioGroup，它们之间配合使用。RadioButton 是具体某个单选按钮；RadioGroup 是单选组合框，是 RadioButton 的载体，用于将 RadioButton 框起来，在程序运行时不可见，应用程序中可以包含一个或多个 RadioGroup。

在没有 RadioGroup 的情况下，RadioButton 可以全部都选中；当多个 RadioButton 被 RadioGroup 包含的情况下，RadioButton 只可以选择一个。

【例 6】在屏幕上建立选择男、女选项程序。

（1）xml 代码文件内容。

```
<?xml version="1.0" encoding="utf-8"?>
<LinearLayout
    xmlns:android="http://schemas.android.com/apk/res/android"
        android:layout_width="fill_parent"          //填充整个屏幕宽度
        android:layout_height="fill_parent"         //填充整个屏幕高度
        android:orientation="horizontal" >         //组件按照水平方向排列
<TextView
        android:id="@+id/txt01"
        android:layout_width="fill_parent"
        android:layout_height="wrap_content"
        android:text="This is some text"
/>
```

```
<RadioGroup   //设置单选框容器
        android:id="@+id/radioGroup"
        android:layout_width="fill_parent"
    android:layout_height="fill_parent"
  >
<Radiobutton    //单选项设置
        android:id="@+id/radio1"
        android:layout_width="fill_parent"
        android:layout_height=" wrap_content"
        android:textSize="20sp"
        android:text="男"
/>
<Radiobutton
        android:id="@+id/radio2"
        android:layout_width="fill_parent"
        android:layout_height="wrap_content"
        android:textSize="20sp"
        android:text="女"
/>
</RadioGroup
```

（2）Activity 程序代码。

```
package org.lang.select;

import android.app.Activity;
import android.os.Bundle;
import android.util.Log;
import android.view.View;
import android.widget.RadioButton;
import android.widget.RadioGroup;
import android.widget.TextView;

public class SelectExample extends Activity {
private TextView txt1;
private RadioButton rb1, rb2;
@Override
public void onCreate(Bundle savedInstanceState) {
super.onCreate(savedInstanceState);
setContentView(R.layout.main);//引用 xml 代码布局
txt1= (TextView) findViewById(R.id.txt01);
rb1 = (RadioButton) findViewById(R.id.radio1); //引用 RadioButton
rb2 = (RadioButton) findViewById(R.id.radio2);
RadioButton.OnClickListener radioButtonListener = new RadioButton.OnClickListener(){//事件监听
    @Override
    public void onClick(View v) {
      //过程代码省略
    }};
```

```
rb1.setOnClickListener(radioButtonListener);
rb2.setOnClickListener(radioButtonListener);
```

运行效果如图 5-8 所示。

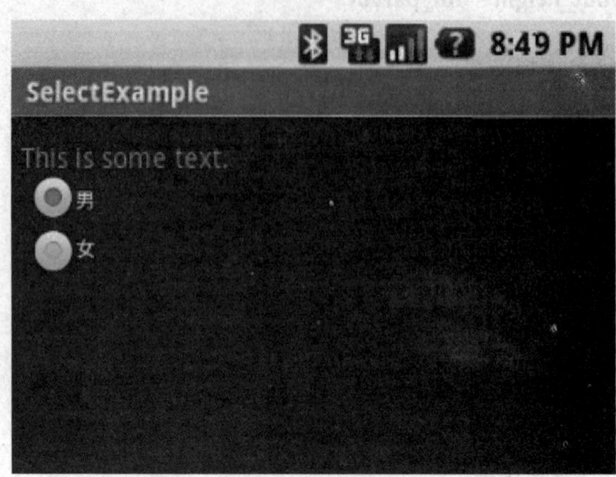

图 5-8

5.2.4 复选框 CheckBox

复选框的使用常常是用在用户对一些选项的选择上，比如经常在一些调查项中选择同意或不同意、性别的选择等。CheckBox 的类结构如下：

```
java.lang.Object
    android.view.View
        android.widget.TextView
            android.widget.button
                android.widget.CompoundButton
                    android.widget.checkbox
```

使用复选框有两种状态：选中或未选中。当单击复选框时，这两种状态可以切换。复选框的使用也与其他基本组件的使用相似。

使用 CheckBox 复选框，首先也将在 xml 布局文件中增加复选框代码对，如下：

```
<CheckBox
android:layout_width="wrap_parent"
android:layout_height="wrap_content"
android:text="同意"
/>
```

其中 android:text 的属性表示复选框的提示信息，程序员可以根据需要改变。

复选框的 Java 代码也与按钮控件相似，同样需要实现 setOnClickListen(OnClickListen)方法，监听是否被点击，重写 OnClick()方法，处理选中后的逻辑处理。

【例 7】在程序中实现条款的同意或不同意。

xml 代码文件：

```
<?xml version="1.0" encoding="utf-8"?>
<LinearLayout
xmlns:android="http://schemas.android.com/apk/res/android"
```

```
android:orientation="vertical"
android:layout_width="fill_parent"
android:layout_height="fill_parent"
>
<TextView
android.id="@id/tv"
android:layout_width="fill_parent"
android:layout_height="wrap_content"
android:text="你是否同意本条款"
/>
<CheckBox
android.id="@id/cb"
android:layout_width="wrap_parent"
android:layout_height="wrap_content"
android:text="同意"
android:layout_marginTop="150px"      //距离屏幕顶部的长度
android:layout_marginLeft="110px"    //距离屏幕左边的长度
/>
</LinearLayout>
```

在布局复选框的代码中，指定了复选框的坐标属性，分别是控件与屏幕顶端和左边的距离。

Java 主程序代码示例：

```
package org.lang.select;

import android.app.Activity;
import android.os.Bundle;
import android.util.Log;
import android.view.View;
import android.widget.CkeckBox;

public class CheckBoxDemo extends Activity {
@Override
public void onCreate(Bundle savedInstanceState) {
super.onCreate(savedInstanceState);
setContentView(R.layout.main);

final TextView tv1=(TextView)findViewById(R.id.tv);
final CheckBox cb1=(CheckBox)findViewById(R.id.cb);//引用复选框组件

cb1.setOnClickListener(new OnClickListener()
{//设置监听
        CheckBox.OnClickListener checkboxListener = new
CheckBox.OnClickListener(){
        @Override
        public void onClick(View v) {
    //过程代码
```

```
                    }
                }
                cb1.setOnClickListener(checkboxListener);

            }
        }
    }
```

效果如图 5-9 所示。

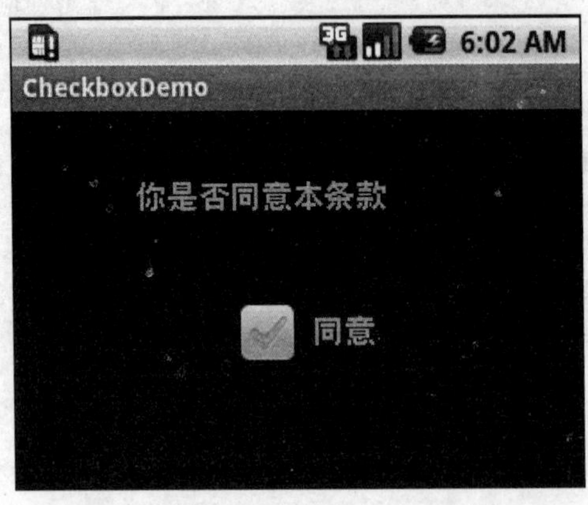

图 5-9

本章小结

本章是 Android 开发中非常重要的一章，主要介绍了 Android 开发中的一些基本的界面组件，Android 程序的开发需要有友好的用户界面，需要可操作性，只有掌握好基本的界面组件的使用方法和基本属性，才有可能更深入地学习其他 Android 知识。

习题 5

1. 常用的 Widget 的组件有哪些？
2. 如何设置按钮组件？

第 6 章　Android 布局管理器

- 掌握布局的概念
- 掌握 Android 系统中常用的布局管理组件
- 了解常用的布局管理器的使用方法

6.1　程序布局管理器

所谓布局就是 Activity 中各组件的位置布置方式，各组件在布局文件中定义布局的结构和显示方式。布局定义了 Activity 中 UI（用户接口）的结构方式，完成了程序界面的结构和所以的显示控件。

为了准确地在程序中指定组件在界面的位置，Android 提供了不同的布局（layout）组件帮助界面配置，ViewGroup 是 Layout 的根类，ViewGroup 组件是一种可以装载其他组件的容器。Android 中有两种方式声明布局：

（1）布局文件：Android 的 UI 组件大多使用 XML 文件来建立制作界面配置，一般是采用 XML 布局文件。XML 格式类似于 HTML 文件格式一般称为 Layout 文件，默认文件名为 main.xml。而 UI 上的文字属于应用程序文字部分，建议从 Layout 文件抽离出来放在文本文件内，文本文件默认文件名是 string.xml，就是资源目录中的一个文件，在资源文件中还可以有 drawable 文件，存储一些图片文件。

使用 XML 创建布局，XML 创建的文件位于 res/layout/目录下，打开 activity_main.xml 文件，选择空白 Activity 模板，包含了缺省的 activity_main.xml 文件，文件中有 RelativeLayout 根视图和一个 TextView 子视图。

简单的布局文件代码：

```
<?xml version="1.0" encoding="utf-8"?>
<LinearLayout
xmlns:android="http://schemas.android.com/apk/res/android"
android:orientation="vertical"
android:layout_width="fill_parent"
android:layout_height="fill_parent"
>
<EditText
android:layout_width="fill_parent"
android:layout_height="wrap_content"
android:text="EditText1"
/>
</LinearLayout>
```

上面的语句我们都比较熟悉了。

第 1 行是所有 XML 文件头，指定了版本和编码格式。

第 2～7 行：线性布局的节点和属性：

第 3 行：xmlns 是 XML 的命名空间。

第 4 行：设置布局方向，有水平或垂直方向。

第 5～6 行：布局的宽度与高度设置。

第 8～12 行：空间 EditText 的设置

注意：在 Java 代码中需要一条：setContentView(R.layout.main)，作用是让主程序正确使用 XML 资源文件的设置。

（2）在程序中声明布局。就是在 Activity 程序中使用代码创建布局，在程序运行过程中动态地添加或修改布局。这种方式比较灵活，缺点就是程序代码会有些混乱。一旦控件布局要修改，就要修改程序源代码。

采用 XML 方式的方便之处在于控件的声明与控件的行为分开。将程序的表现层和控制层分离，这样在后期修改用户界面时，无需更改程序的源代码。用户还能够通过可视化工具直接看到所设计的用户界面，有利于加快界面设计的过程，并且为界面设计与开发带来极大的便利性。

常见的布局有帧布局（FrameLayout）、线性布局（LineLayout）、相对布局（RelativeLayout）与绝对布局（AbsoluteLayout）、表格布局（TableLayout）等。

6.1.1 线性布局管理器 LineLayout

线性布局是以线性方式表现组件布局方式，是一种重要的界面布局，也是经常使用的一个布局控件。

线性布局有两种表现形式：垂直（Vertical）排列和水平（Horizontal）排列。在线性布局控件中的子元素都按照垂直或水平的顺序在界面上排列。如果垂直排列，则每行仅包含一个界面元素；如果水平排列，则每列仅包含一个界面元素。

线性排列在 Layout 文件中使用<LineLayout>来定义。如果在一个界面中既有垂直排列又有水平排列的组件，需要嵌套线性布局来安排界面。例如需要排列 N 行×N 列结构，通常是先垂直排列 N 列的元素，其中每个元素包含 LineLayout 的水平排列元素

由于 Android 中所有组件包括布局管理器都是 View 的子类，所以 LineLayout 也是 View 的子类。LinearLayout 组件类继承结构如下：

```
java.lang.Object
    android.view.View
        android.view.ViewGroup
            android.widget.LinearLayout
```

android.widget.LinearLayout 类常用的方法及常量如表 6.1 所示。

表 6.1 android.widget.LinearLayout 类常用的方法及常量

常用方法及常量	描述
android:layout_gravity	将组件放在父组件指定位置
android:layout_weight	设置组件在父组件所占比重

续表

常用方法及常量	描述
android:layout_width	设置布局宽度
android:layout_height	设置布局高度
layout_marginLeft	将组件左边缘对齐
layout_marginTop	将组件顶部对齐
layout_marginRight	将组件右边缘对齐
layout_marginBottom	将组件底部对齐

【例 1】使用垂直水平布局排列组件，布局中包含一个文本编辑控件、文本显示控件、两个按钮控件。

XML 布局文件代码如下：

```
<?xml version="1.0" encoding="utf-8"?>
<LinearLayout
xmlns:android="http://schemas.android.com/apk/res/android"
android:orientation="vertical"
android:layout_width="fill_parent"
android:layout_height="fill_parent"
>
<TextView
        android:id="@+id/label"
        android:layout_width="wrap_content"
        android:layout_height="wrap_content"
        android:text="用户名:" >
</TextView>
    <EditText
        android:id="@+id/entry"
        android:layout_height="wrap_content"
        android:layout_width="fill_parent">
    </EditText>
    <Button
        android:id="@+id/ok"
        android:layout_width="wrap_content"
        android:layout_height="wrap_content"
        android:text="确认">
    </Button>
    <Button
        android:id="@+id/cancel"
        android:layout_width="wrap_content"
        android:layout_height="wrap_content"
        android:text="取消" >
    </Button>
  </LinearLayout>
```

```
</LinearLayout>
```

Activity java 代码

```
super.onCreate(savedInstanceState);
setContentView(R.layout.main);
```

效果如图 6-1 所示。

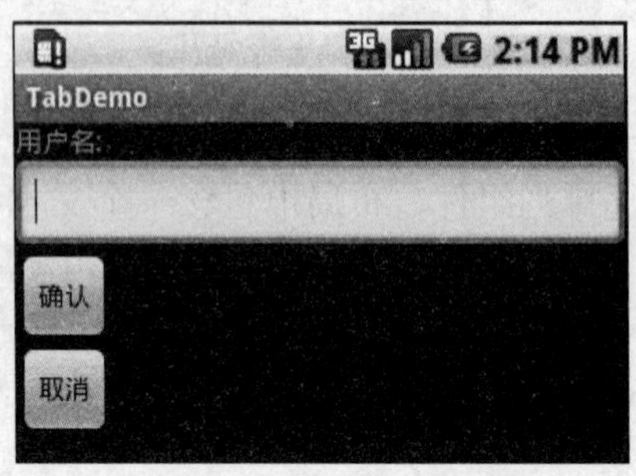

图 6-1

如果需要水平排列组件，可以把代码 android:orientation="vertical" 中的值修改成 "horizontal"。

6.1.2 框架布局管理器 FrameLayout

FrameLayout 是最简单的布局控件，FrameLayout 布局实在屏幕上定义一块空白区域，在这块区域中可以装载不同的组件。

但是注意，FrameLayout 中的组件位置不能指定，使用 FrameLayout 将会把所有的组件都放在屏幕的左上角，如果在 FrameLayout 中放置多个组件，组件将以重叠的方式显示。

【例 2】使用 FrameLayout 布局，本程序中定义三个组件，分别是图片显示框、文本编辑框和按钮。

```
<?xml version="1.0" encoding="utf-8"?>
<FrameLayout                                    //使用框架布局
xmlns:android="http://schemas.android.com/apk/res/android"
        android:id="@+id/FrameLayout001"        //组件 ID，将在程序中使用
        android:layout_width="fill_parent"      //填充整个屏幕宽度
        android:layout_height="fill_parent"     //填充整个屏幕高度
    <TextView
        android:layout_width="fill_parent"
        android:layout_height="wrap_content"
        android:text="Hello World, LayoutTestActivity!"
    />
    <TextView
        android:textColor = "#0000FF"
        android:layout_width = "wrap_content"
        android:layout_height = "wrap_content"
        android:text = "Hello World, I can not be LOST!"
```

```
        />
</FrameLayout>
```

在 Activity Java 程序中的代码与线性框架相似，需要使用一些布局参数来设置位置属性。

上面的程序中定义了三种不同的组件，由于采用的是框架布局，三个组件都将在屏幕左上方层叠显示。

效果如图 6-2 所示。

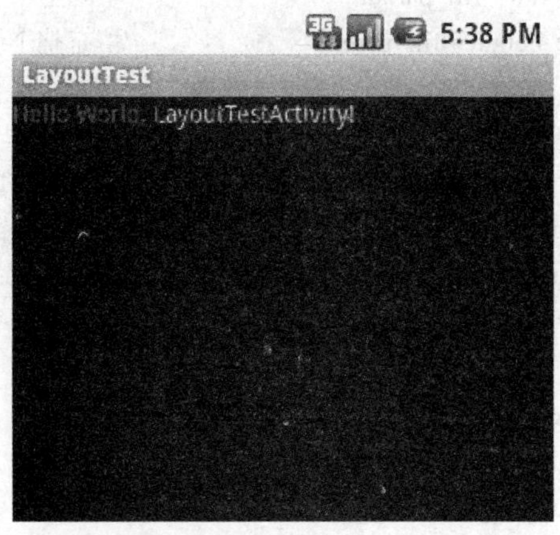

图 6-2

6.1.3　表格布局管理器 TableLayout

在 Android 界面布局组件中，表格布局（TableLayout）也是一种常用的界面布局。表格布局就是采用表格的方式对控件进行管理，类似行和列的形式对控件进行管理，它将屏幕划分成表格形式，通过指定行和列可以将界面元素添加的网格中。不过，网格的边界对用户是不可见的。

表格布局还支持嵌套，可以将另一个表格布局放置在前一个表格布局的网格中，也可以在表格布局中添加其他界面布局，例如线性布局、相对布局等。

在表格布局中，一般使用 TableRow 对表格的行进行控制，表格布局中每一行为一个 TableRow 对象，或一个 View 控件。添加的组件放置在 TableRow 中，表格布局一般用于列表操作中。表格布局组件常用的方法和常量见表 6.2。

表 6.2　表格布局组件常用的方法和常量

常用方法及常量	类型	描述
android:stretchColumns	全局属性	设置可伸展的列。该列可以向行方向伸展，最多可占据一整行
android:shrinkColumns	全局属性	设置可收缩的列值。当该列子控件的内容太多，已经挤满所在行，那么该子控件的内容将往列方向显示
android:collapseColumns	全局属性	设置要隐藏的列值
android:layout_column	单元格属性	指定该单元格在第几列显示
android:layout_span	单元格属性	指定该单元格占据的列数（未指定时，为 1）

【例 3】采用表格布局，定义两行（两个 TableRow），在第一行中增加一个信息提示框和一个按钮组件，在第二行布局两个按钮。

```
<?xml version="1.0" encoding="utf-8"?>
<TableLayout                                              //使用表格布局
    xmlns:android="http://schemas.android.com/apk/res/android"
      android:id="@+id/TableLayout001"                    //组件 ID，将在程序中使用
    android:layout_width="fill_parent"                    //填充整个屏幕宽度
      android:layout_height="fill_parent"                 //填充整个屏幕高度
    <TableRow                          //定义表格行
    <Button
     android:id="@+id/testbutton"                         //组件 ID，将在程序中使用
       android:layout_width="wrap_content"                //组件宽度为文字宽度
       android:layout_height="wrap_content"               //组件高度为文字高度
       android:text=" cell 11" />                         //默认的文字信息
  <TextView
    android:id="@+id/text"       //组件 ID，将在程序中使用
       android:layout_width="wrap_content"                //组件宽度为文字宽度
       android:layout_height="wrap_content"               //组件高度为文字高度
       android:text="This is text " />                    //默认的文字信息
 </TableRow>

<TableRow                                                 //第二行 TableRow 设置
        android:id="@+id/TableRow02"
        android:layout_width="wrap_content"
        android:layout_height="wrap_content">

        <Button android:id="@+id/ok"
        android:layout_height="wrap_content"
        android:padding="3dip"  //声明 TextView 元素与其他元素的间隔距离为 3dip
        android:text="确认">
        </Button>

        <Button android:id="@+id/Button02"
        android:layout_width="wrap_content"
        android:layout_height="wrap_content"
        android:padding="3dip"  //声明 TextView 元素与其他元素的间隔距离为 3dip
        android:text="取消">
        </Button>
    </TableRow>
  </TableLayout>

 </TableLayout>
```

演示效果如图 6-3 所示。

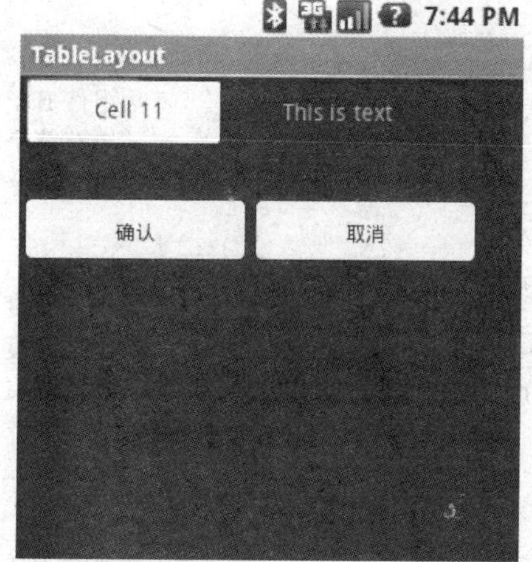

图 6-3

6.1.4　相对布局管理器 RelativeLayout

相对布局指以某一组件作为参照布局其他组件，也即通过控制将组件安排在某个组件的上、下、左、右等位置，在相对布局管理容器内部的子元素可以使用彼此之间的相对位置或者通过与容器间的相对位置来进行定位，这些设置操作可以通过各个组件的属性完成。

相对布局是一种非常灵活的布局方式，能够通过指定界面元素与其他元素的相对位置关系，确定界面中所有元素的布局位置。

RelativeLayout 类继承如下：

```
java.lang.Object
        android.view.View
                android.view.ViewGroup
                        android.widget.RelativeLayout
```

表 6.3 是相对布局组件常用的方法和常量。

表 6.3　相对布局组件常用的方法和常量

属性名称	对应的常量	描述
android:layout_below	RelativeLayout.BELOW	放置在指定组件的下边
android:layout_toLeftOf	RelativeLayoutLEFT_OF	放置在指定组件的左边
android:layout_toRightOf	RelativeLayoutRIGHT_OF	放置在指定组件的右边
android:layout_alignTop	RelativeLayoutALIGN_TOP	以指定组件为参考上对齐
android:layout_alignBotton	RelativeLayoutALIGN_BOTTON	以指定组件为参考下对齐
android:layout_alignLeft	RelativeLayoutALIGN_LEFT	以指定组件为参考左对齐
android:layout_alignRight	RelativeLayoutALIGN_RIGHT	以指定组件为参考右对齐

【例 4】使用相对布局管理进行组件排列。

布局文件代码如下：

```
<?xml version="1.0" encoding="utf-8"?>
<RelativeLayout                                   //使用相对布局
```

```
xmlns:
android="http://schemas.android.com/apk/res/android"
    android:id="@+id/relative01"                    //组件 ID，将在程序中使用
    android:layout_width="fill_parent"              //填充整个屏幕宽度
    android:layout_height="fill_parent"   >         //填充整个屏幕高度
<TextView
    android:id="@+id/text"  //组件 ID，将在程序中使用
    android:layout_width="fill_content"             //组件宽度为文字宽度
    android:layout_height="wrap_content"            //组件高度为文字高度
    android:text="用户名:"                          //默认的文字信息
</TextView>

<EditText
    android:id="@+id/input01"                       //组件 ID，将在程序中使用
    android:layout_width="wrap_content"             //组件宽度为文字宽度
    android:layout_height="wrap_content"            //组件高度为文字高度
    </EditText>

<Button
    android:id="@+id/cancel"
    android:layout_height="wrap_content"
    android:layout_width="wrap_content"
    android:layout_alignParentRight="true"
    android:layout_marginLeft="10dip"
    android:layout_below="@id/entry"
    android:text="取消" >
</Button>

<Button
    android:id="@+id/ok"
    android:layout_height="wrap_content"
    android:layout_width="wrap_content"
    android:layout_toLeftOf="@id/cancel"
    android:layout_alignTop="@id/cancel"
    android:text="确认">
  </Button>
</RelativeLayout>
```

运行效果如图 6-4 所示。

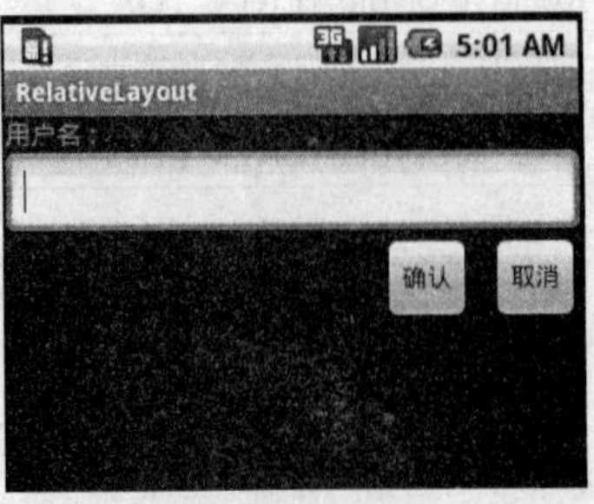

图 6-4

6.1.5　绝对布局 AbsoluteLayout

绝对布局（AbsoluteLayout）能通过指定界面元素的坐标位置，来确定用户界面的整体布局。绝对布局中每一个界面控件都必须指定坐标（X，Y），例如“确认”按钮的坐标是（40，120），“取消”按钮的坐标是（120，120）。坐标原点（0，0）在屏幕的左上角。

【例 5】使用绝对布局建立一个用户输入框，提供确定和取消按钮。

```
<?xml version="1.0" encoding="utf-8"?>

<AbsoluteLayout
    android:id="@+id/AbsoluteLayout01"
    android:layout_width="fill_parent"
    android:layout_height="fill_parent"
    xmlns:android="http://schemas.android.com/apk/res/android">

    <TextView android:id="@+id/label"
        android:layout_x="40dip"
        android:layout_y="40dip"
        android:layout_height="wrap_content"
        android:layout_width="wrap_content"
        android:text="用户名：">
    </TextView>
    <EditText android:id="@+id/entry"
        android:layout_x="40dip"
        android:layout_y="60dip
android:layout_height="wrap_content"
android:layout_width="160dip">
</EditText>
<Button android:id="@+id/ok"
android:layout_width="70dip"
android:layout_height="wrap_content"
android:layout_x="40dip"
android:layout_y="120dip"
android:text="确认">
</Button>
<Button android:id="@+id/cancel"
android:layout_width="70dip"
android:layout_height="wrap_content"
android:layout_x="120dip"
android:layout_y="120dip"
android:text="取消">
</Button>
</AbsoluteLayout>
```

运行效果如图 6-5 所示。

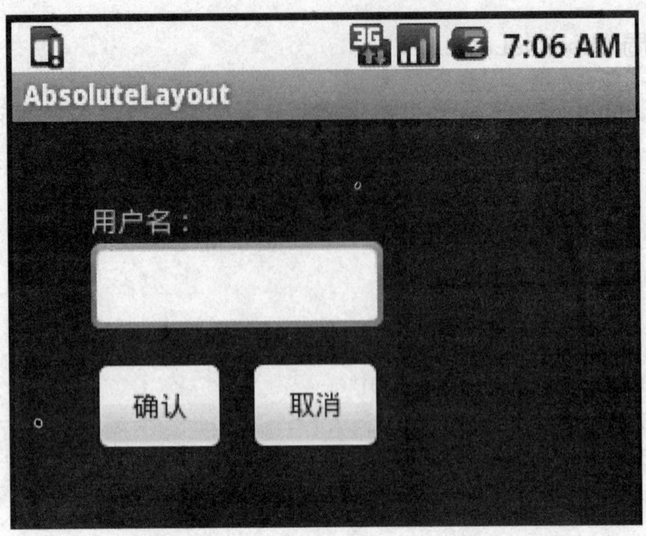

图 6-5

绝对布局是一种不推荐使用的界面布局，因为通过 X 轴和 Y 轴确定界面元素位置后，Android 系统不能够根据不同屏幕对界面元素的位置进行调整，降低了界面布局对不同类型和尺寸屏幕的适应能力。

6.2 菜单

菜单是应用程序中非常重要的组成部分，能够在不占用界面空间的前提下，为应用程序提供统一的功能和界面设置，为程序开发人员提供易于使用的编程接口。

android.view.Menu 接口代表一个菜单，Android 用它来管理各种菜单项。我们一般不自己创建 menu，因为每个 Activity 默认都自带了一个，程序员只是通过为它添加菜单项和响应菜单项的点击事件就可以完成菜单的布局。

Android 中每个 Activity 包含一个菜单，一个菜单又可以包含多个菜单项和子菜单，子菜单其实也是一个菜单，因此子菜单中也包含多个菜单项。android.view.MenuItem 代表菜单中的每个菜单项，android.view.SubMenu 代表子菜单。

Android 系统支持三种菜单：

- 选项菜单（Option Menu）
- 子菜单（Submenu）
- 快捷菜单（Context Menu）

6.2.1 选项菜单

选项菜单在系统中经常被使用，选项菜单分为图标菜单和扩展菜单。通过“菜单（menu）”按钮可以打开菜单。

选项菜单又可以分为图标菜单和扩展菜单。图标菜单是能够同时显示图标和文字的菜单，不过最多支持六个子项，并且不支持单选框和复选框，如图 6-6 所示。

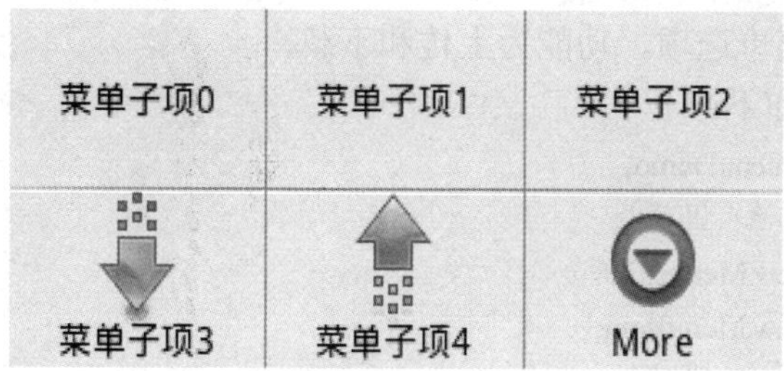

图 6-6

扩展菜单时在图标菜单选项多于六个选项时使用，通过点击菜单中的 More 子项可以打开。当点击 More 时，扩展菜单出现，如图 6-7 和图 6-8 所示。

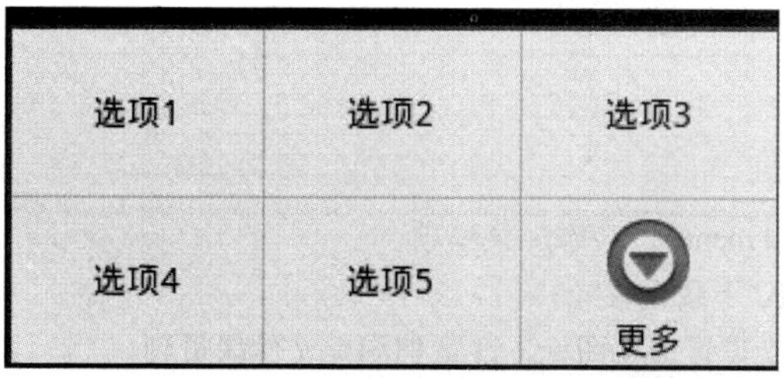

图 6-7

图 6-8

扩展菜单是垂直的列表菜单，不能够显示图标，但是可以支持单选框和复选框。

初次使用选项菜单时，要调用 onCreateOptionMenu()函数，用来初始化菜单子项的相关内容，比如设置菜单子项自身的子项的 ID 和组 ID 菜单子项显示的文字和图片等。通过重载 Activity 的 onCreateOptionMenu()函数，才能够在 Android 应用程序中使用选项菜单。

设置选项菜单步骤如下：

（1）重写 Activity. onCreateOptionMenu(Menu menu)方法，在此函数中调用 menu.add(int groupId,int itemId,int order,CharSequence titleRes)函数，产生选项菜单项。

（2）添加菜单项。

menu.add(int groupId,int itemId,int order,CharSequence titleRes)函数产生菜单选项，其中参数：

groupId：整型，分组 Id，菜单不分组就填 0。

itemId：整型，选项 Id，选项的编号，不能重复。

Order：排序，菜单项排序，Id 小的在前，大的在后。

titleRes：菜单项的显示信息。

（3）重写 onOptionsItemSelectd(MenuItem item)方法，主要用于设置菜单项的监听事件，通过 MenuItem.getItemId()方法获得本单击的菜单项的 Id，产生相应的动作。

【例 6】建立两个菜单选项，功能为上传和下载。

Java 代码部分内容如下：

```
package org.lang.menuDemo;
...     //省略部分导入包
import android.view.Menu;
import android.view.MenuItem;
import android.view.SubMenu;

public class MenuDemo extends Activity {

final static int MENU_DOWNLOAD = Menu.FIRST; //使用静态常量 Menu.FIRST，整
                                             数类型，值为 1，用于菜单项 ID 设置
    final static int MENU_UPLOAD = Menu.FIRST+1;

@Override
public void onCreate(Bundle savedInstanceState) {
super.onCreate(savedInstanceState);
setContentView(R.layout.main);
            @Override
      public boolean onCreateOptionsMenu(Menu menu){   //添加菜单项
            menu.add(0,MENU_DOWNLOAD,0,"下载设置");
                  setIcon(R.drawable.download);//设置选项图标，注意把图标文件拷贝到
                                                /res/drawable 目录下
            menu.add(0,MENU_UPLOAD,1,"上传设置");
                  setIcon(R.drawable.upload);
return true; //返回，将显示在函数中设置的菜单，否则不能够显示菜单
                  }
@Override
      public boolean onOptionsItemSelected(MenuItem item){添加单击事件监听
      switch(item.getItemId()){
            case MENU_DOWNLOAD:
                  tv.setText= "下载选项"
                  return true;
            case MENU_UPLOAD:
                  tv.setText= "上传选项"
                  return true;
      }
      return false;

}
```

效果如图 6-9 所示。

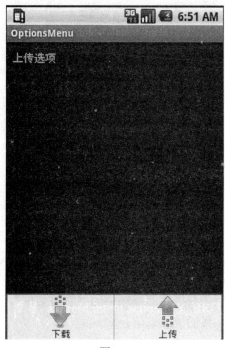

图 6-9

6.2.2　子菜单

子菜单就是将相同功能的分组进行多级显示的一种菜单，如 Windows 的“文件”菜单中就有“新建”、“打开”、“关闭”等子菜单，能够显示更加详细信息的一种菜单形式。

子菜单不支持嵌套功能，就是子菜单项不能再产生子菜单。子菜单通过使用 addSubMenu()函数实现。

（1）覆盖 Activity 的 onCreateOptionsMenu()方法，调用 Menu 的 addSubMenu()方法添加子菜单项。示例代码如下：

```
@Override
publicboolean onCreateOptionsMenu(Menu menu) {
    int base =1;
SubMenu Menu1 = (SubMenu) menu.addSubMenu(0,MENU_UPLOAD,1,"上传设置")
.setIcon(R.drawable.upload);
Menu1.setHeaderIcon(R.drawable.upload);
Menu1.setHeaderTitle("子标题设置");
Menu1.add(0,base ,0,"上传参数 A");
Menu1.add(0,base+1 ,0,"上传参数 B");
}
```

（2）调用 SubMenu 的 add()，添加子菜单项。

```
Menu1.add(0,base ,0,"上传参数 A");
Menu1.add(0,base+1 ,0,"上传参数 B");
```

（3）覆盖 onCreateItemSelected()方法，响应菜单单击事件。

根据不同的子菜单产生的单击事件进行不同的处理。示例效果如图 6-10 所示。

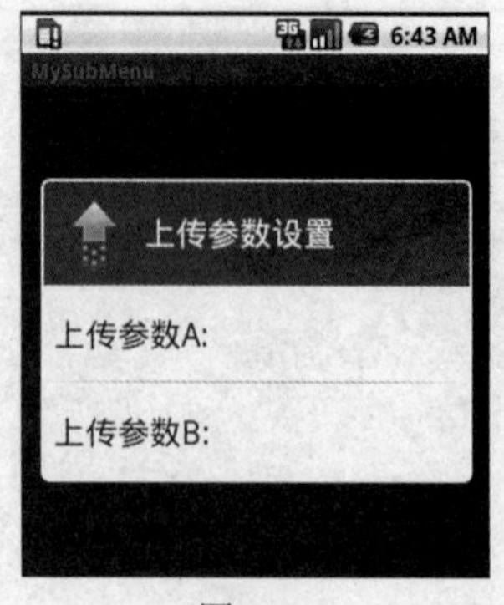

图 6-10

6.2.3 快捷菜单

快捷菜单采用动态显示的方式显示菜单，我们经常在 Windows 中用鼠标右键单击弹出的菜单就是快捷菜单的形式，也叫上下文菜单。

快捷菜单的启动方式类似于普通桌面程序中的“右键菜单”，当用户点击界面元素超过 2 秒后，将启动注册到该界面元素的快捷菜单。

快捷菜单的使用步骤如下：

（1）覆盖 Activity 的 onCreateContextMenu()方法，调用 Menu 的 add 方法添加菜单项 MenuItem。主要是添加快捷菜单将显示的菜单标题、图标和菜单子项。如下代码设置一个快捷菜单的选项。

```
final static int MENU_1 =1;
final static int MENU_2 =2;
final static int MENU_3 =3;
@Override
public void onCreateContextMenu(ContextMenu menu, View v,ContextMenuInfo menuInfo){
      menu.setHeaderTitle("快捷菜单标题");
      menu.add(0, MENU_1, 0,"菜单子项 1");
      menu.add(0, MENU_2, 1,"菜单子项 2");
      menu.add(0, MENU_3, 2,"菜单子项 3");
}
```

（2）覆盖 onContextItemSelected()方法，响应菜单单击事件。

```
@Override
public boolean onContextItemSelected(MenuItem item){
      switch(item.getItemId()){
            case MENU_1:
                  LabelView.setText("菜单子项 1");
                  return true;
            case CONTEXT_MENU_2:
                  LabelView.setText("菜单子项 2");
                  return true;
            case CONTEXT_MENU_3:
                  LabelView.setText("菜单子项 3");
      return true;
      }
```

```
        return false;
    }
```

（3）调用 registerForContextMenu()方法，为视图注册上下文菜单。

```
@Override
public void onCreate(Bundle savedInstanceState) {
        super.onCreate(savedInstanceState);
        setContentView(R.layout.main);
        registerForContextMenu(LabelView);
}
```

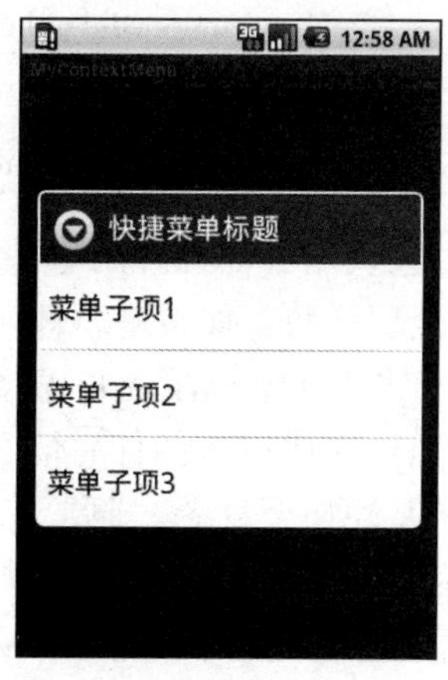

图 6-11

图 6-11 是快捷菜单的显示效果，完整代码自行完成。

6.3　Android 事件处理

组件和视图定义完成后，程序员要完成的最主要任务就是如何操作这些组件，让它们与用户交互，给组件或视图赋予一些动作，让其完成必要的任务，例如当点击一个命令按钮组件时，应该完成什么动作，这就需要事件处理指定。一般事件处理流程如图 6-12 所示。

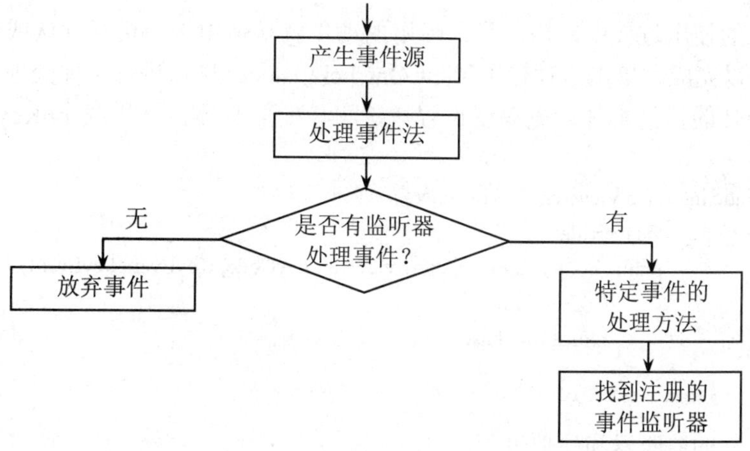

图 6-12

所有的事件都会有一个产生事件的动作，然后对用有处理事件的方法，当监听到有处理事件的动作时，就会调用相应的时间处理程序；如果没有相应的处理程序，就放弃该事件。Android 系统中存在多种界面事件，如单击事件、触摸事件、焦点事件和菜单事件等，如表 6.4 所示。

表 6.4 常用的事件及处理方法

事件名称	接口	处理方法
单击事件	View.OnClickListener	Public abstract void onClick (View v)
焦点事件	View.OnFocusChangeListener	Public abstract void onFocusChange (View v, Boolean hasFocus)
触摸事件	View.OnTouchListener	Public abstract boolean onTouch (View v, MotionEvent even)
长按事件	View.OnLongClickListener	Public abstract boolean onLongClick(View v,Boolean hasLongClick)

在事件发生时，Android 界面框架调用界面控件的事件处理函数对事件进行处理。处理时根据事件类型，传递给相应的事件处理函数。如按键事件（KeyEvent）将传递给 onKey()函数进行处理。触摸事件（TouchEvent）将传递给 onTouch()函数进行处理。

如欲获得界面事件通知，一般需要完成以下两件事情之一：

（1）定义一个事件侦听器并将其注册至视图。通常情况下，这是侦听事件的主要方式。View 类包含了一大堆命名类似 On<?>Listener 的接口，每个都带有一个叫做 On<?>()的回调方法。比如：View.OnClickListener 用以处理视图中的点击，View.OnTouchListener() 用以处理视图中的触屏事件，以及View.OnKeyListener 用以处理视图中的设备按键事件。所以，如果希望你的视图在它被“点击”（比如选择了一个按钮）的时候获得通知，你就要实现 OnClickListener 侦听，定义它的 onClick()回调方法，并将它用 setOnClickListener()方法注册到视图上。

（2）为视图重写一个现有的回调方法。这种方法主要用于实现了一个 View 类，并想侦听其上发生的特定事件。比如说当屏幕被触摸（onTouchEvent()），当轨迹球发生了移动（onTrackballEvent()）或者是设备上的按键被按下（onKeyDown()）。利用定义好的事件处理方法 onClick()回调方法进行程序。

6.3.1 单击事件

在移动设备的使用过程中，用户最常使用的动作就是使用按钮进行确认或请求，这时通过单击事件就可以完成，单击事件使用 View.OnClickListener 接口进行事件处理。

为了处理控件的按键事件，先需要设置按键事件的监听器，并重载 onKey()函数，定义如下：

```
Public static interface View.OnClickListener{   //监听器注册
            @Override
            public boolean onKey(View view, int keyCode, KeyEvent keyEvent) {
                //过程代码……
                return true/false;
    }
}
```

添加单击事件的监听器和注册过程：

```
public class ExampleActivity extends Activity implements OnClickListener {
```

```
        protected void onCreate(Bundle savedValues) {
            ...
            Button button = (Button)findViewById(R.id.corky);
            button.setOnClickListener(this);  //添加点击事件的监听器
        }
        // Implement the OnClickListener callback 实现单击事件回调函数
        public void onClick(View v) {
          // do something when the button is clicked  处理单击发生事件的逻辑代码
        }
        ...
    }
```

【例 7】创建一个按钮单击事件对象，按钮单击后输出按钮要求动作。

main.xml 代码内容：

```
<?xml version="1.0" encoding="utf-8"?>
<LinearLayout
xmlns:android="http://schemas.android.com/apk/res/android"
      android:orientation="vertical"
        android:layout_width="fill_parent"
      android:layout_height="fill_parent"
      >
      <TextView
android:text="修改前:"
android:id="@+id/textView1"
android:layout_width="wrap_content"
android:layout_height="wrap_content">
</TextView>
      <Button
android:layout_width="wrap_content"
android:id="@+id/button1"
android:layout_height="wrap_content"
android:text="按钮测试" android:></Button>

</LinearLayout>
```

Activity Java 代码内容：

```
Public class AndroidButton extends Activity {
@Override
Public void onCreate(Bundle savedInstanceState){
Super.onCrate(savedInstanceState);
setContentView(R.layout.main);

Button button = (Button)findViewById(R.id.button1);
     button.setOnClickListener(new OnClickListener()
{添加单击按钮事件

          @Override
          Public void onClick(View v){单击事件的处理函数
```

```
TextView text=(TextView)findViewById(R.id.textView1);
                CharSequence text2=text.getText();
                text.setText(text2+"\n 点击按钮后的效果");
                {
        }
```

运行效果：单击按钮前效果如图 6-13 所示。

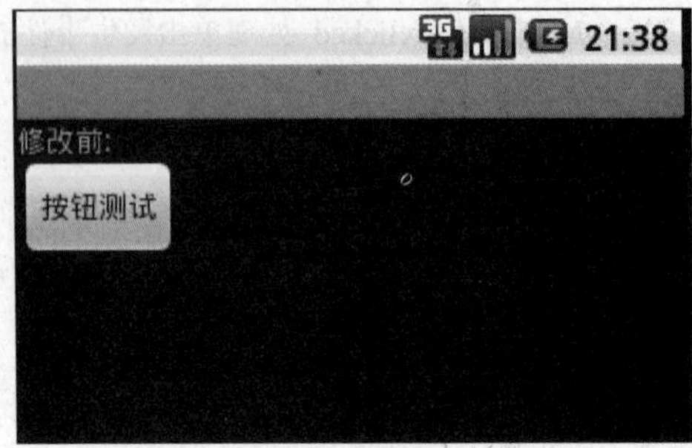

图 6-13

单击按钮后效果如图 6-14 所示。

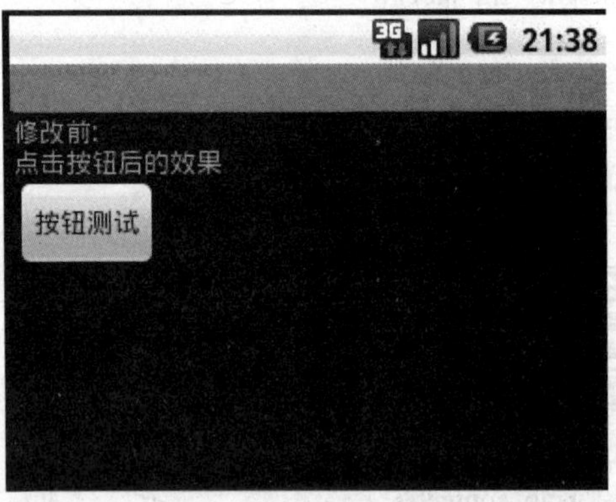

图 6-14

6.3.2 单选按钮与事件方法 OnCheckedChangeListener

在单选按钮控件上也可以处理事件的发生，当用户选中了某个选项后我们也可以定义相应的监听器进行监听并作出相应的处理。注册事件的方法为 Public void setOnCheckedChangeListener(RadioGroup.OnCheckedChangeListener listener)。

【例 8】通过选择不同城市得到的结果显示。

```
<?xml version="1.0" encoding="utf-8"?>
<LinearLayout
  xmlns:android="http://schemas.android.com/apk/res/android"
    android:orientation="vertical"
    android:layout_width="fill_parent"
    android:layout_height="fill_parent"
    >
```

```
    <TextView
        android:id="@+id/text01"
        android:layout_width="fill_parent"
        android:layout_height="wrap_content"
        android:text="哪个城市是直辖市？"
    />
    <RadioGroup
        android:id="@+id/radiogroup1"
        android:layout_width="wrap_content"
        android:layout_height="wrap_content"
        android:orientation="vertical"
    >
        <RadioButton
            android:id="@+id/button1"
            android:layout_width="wrap_content"
            android:layout_height="wrap_content"
            android:text="杭州"
        />
<RadioButton
            android:id="@+id/button2"
            android:layout_width="wrap_content"
            android:layout_height="wrap_content"
            android:text="北京"
        />
        <RadioButton
            android:id="@+id/button3"
            android:layout_width="wrap_content"
            android:layout_height="wrap_content"
            android:text="成都"
        />
        <RadioButton
            android:id="@+id/button4"
            android:layout_width="wrap_content"
            android:layout_height="wrap_content"
            android:text="武汉"
        />
    </RadioGroup>
</LinearLayout>
```

```
package org.lang.eventtest;

import android.app.Activity;
import android.os.Bundle;
import android.view.Gravity;
```

```
import android.widget.RadioButton;
import android.widget.RadioGroup;
import android.widget.Toast;

public class EventTest extends Activity {
    /* Called when the activity is first created. */
    private RadioGroup group;
    private RadioButton radio1,radio2,radio3,radio4;
    @Override
    public void onCreate(Bundle savedInstanceState) {
        super.onCreate(savedInstanceState);
        setContentView(R.layout.main);

        group = (RadioGroup)findViewById(R.id.radiogroup1);
        radio1 = (RadioButton)findViewById(R.id.button1);
        radio2 = (RadioButton)findViewById(R.id.button2);
        radio3 = (RadioButton)findViewById(R.id.button3);
        radio4 = (RadioButton)findViewById(R.id.button4);

      group.setOnCheckedChangeListener(new RadioGroup.OnCheckedChangeListener() {
      //设置单选按钮侦听并注册

            @Override
            public void onCheckedChanged(RadioGroup group, int checkedId) {
                    //事件处理方法
                    if (checkedId = radio2.getId())
                {
                    showMessage("正确答案：" + radio2.getText();
                }
                else
                {
                    showMessage("对不起，答错了");
                }
            }
        });
    }
    public void showMessage(String str)
    {
        Toast toast = Toast.makeText(this, str, Toast.LENGTH_SHORT);
        toast.setGravity(Gravity.TOP, 0, 220);
        toast.show();
    }
}
```

运行效果如图 6-15 所示。

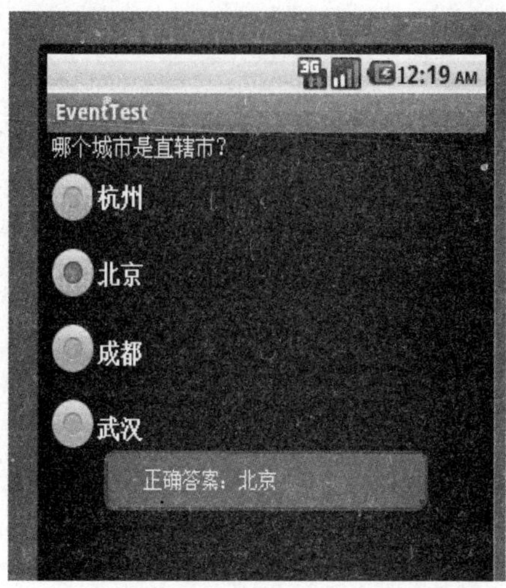

图 6-15

6.3.3　下拉列表框事件处理

下拉菜单组件 Spinner 的主要功能是用于下拉列表显示，当用户从下拉列表项目中选中某一选项后可以通过下拉菜单提供的方法进行事件监听，然后通过方法重构做出需要的反应。Spinner 类中使用 setOnItemSelectedListener()方法进行监听。OnItemSelectedListener 是接口使用。

【例 9】定义一个下拉列表。

（1）布局管理器文件 main.xml 内容：

```
<?xml version="1.0" encoding="utf-8"?>
<LinearLayout
     xmlns:android="http://schemas.android.com/apk/res/android"
    android:orientation="vertical"
    android:layout_width="fill_parent"
    android:layout_height="fill_parent"
    >
<TextView
    android:id="@+id/info"
    android:layout_width="fill_parent"
    android:layout_height="wrap_content"
    android:text="选择你喜欢的水果"
    />
<Spinner
    android:id="@+id/fruits"
    android:layout_width="wrap_content"
    android:layout_height="wrap_content"
android:layout_centerHorizontal="true"
android:entries="@array/fruit_labels"
/>
</LinearLayout>
```

（2）定义 Activity 程序，进行下拉列表监听：

```
package org.lang.eventtest;

import android.app.Activity;
import android.os.Bundle;
import android.view.View;
import android.widget.AdapterView;
import android.widget.ArrayAdapter;
import android.widget.Spinner;
import android.widget.TextView;

public class EventTest extends Activity {
    /** Called when the activity is first created. */
    private TextView text;
    private Spinner fruit;
    private ArrayAdapter<String> adapter;
    @Override
    public void onCreate(Bundle savedInstanceState) {
        super.onCreate(savedInstanceState);
        setContentView(R.layout.main);
        text=(TextView)findViewById(R.id.info);
        spinner=( fruit)findViewById(R.id.fruit);

        //将可选内容与 ArrayAdapter 连接
        adapter=new ArrayAdapter<String>(this,android.R.layout.simple_spinner_item, fruit_labels);
        //设置下拉列表风格
        adapter.setDropDownViewResource(android.R.layout.simple_spinner_dropdown_item);
         spinner.setAdapter(adapter); //将 adapter 添加到 spinner 中

        //下面添加 Spinner 事件监听
spinner.setOnItemSelectedListener(new Spinner.OnItemSelectedListener()
        {

            @Override
            public void onItemSelected(AdapterView<?> arg0, View arg1,
                    int arg2, long arg3) {
                // TODO Auto-generated method stub
                text.setText("选择你喜欢的水果： "+ fruit[arg2]);
                //设置显示当前选择的项
                arg0.setVisibility(View.VISIBLE);
            }

            @Override
            public void onNothingSelected(AdapterView<?> arg0) {
                // TODO Auto-generated method stub
```

```
                }

            });
        }
    }
```

（3）定义下拉列表的内容配置文件——values/fruit_data.xml：

```
<?xml version="1.0" encoding="utf-8"?>
<resources>
    <string-array name= "fruit_labels">
    <item>苹果</item>
<item>香蕉</item>
<item>石榴</item>
<item>梨子</item>
</string-array>
```

图 6-16

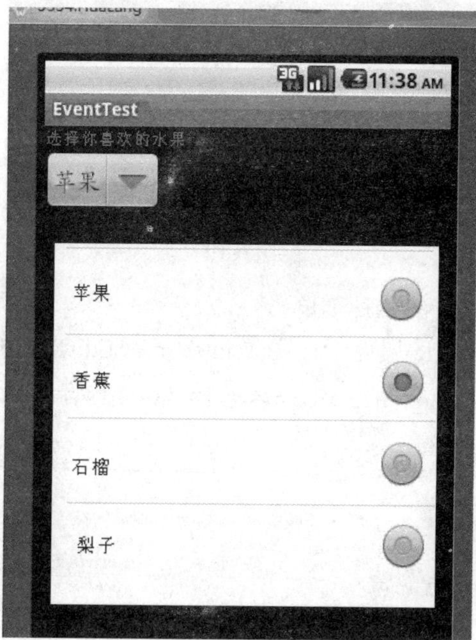

图 6-17

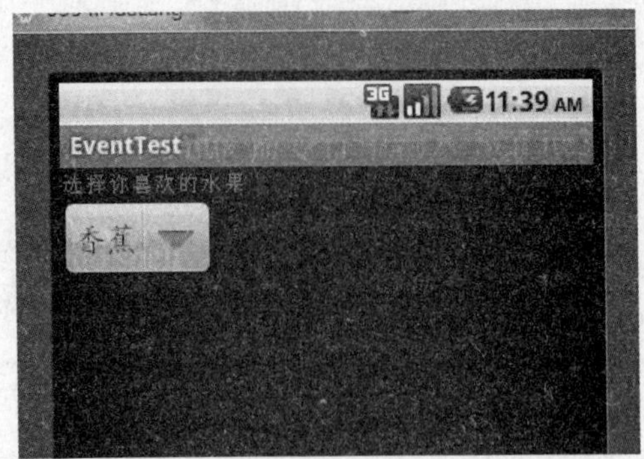

图 6-18

本章主要介绍了在 Android 系统中布局的概念、布局的组件以及事件的概念，不同组件有相应的事件，程序员可以重写事件方法，灵活处理事件的发生，使程序处理更加灵活。

1．简述几个界面布局的特点。

2．参考图 6-19 中界面控件的摆放位置，分别使用线性布局、相对布局和绝对布局实现用户界面，并对比各种布局实现的复杂程度和对不同屏幕尺寸的适应能力。

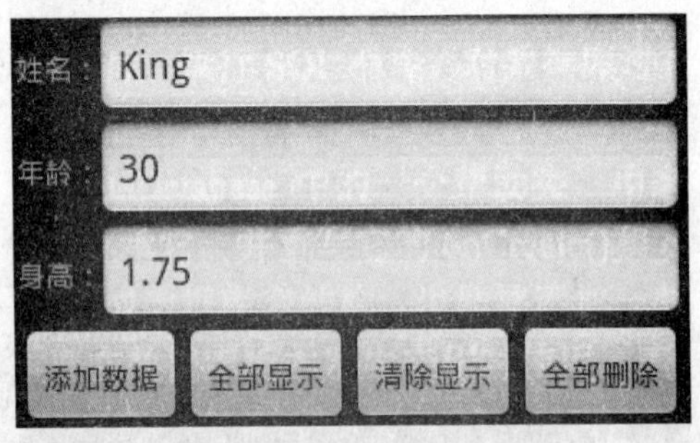

图 6-19

3．简述 Android 系统支持的三种菜单。

4．EditText 控件有 Numeric 属性，设置成 integer 后 EditText 控件中只能输入数字，无法输入其他字母或符号。利用按键事件，编程实现 EditText 控件的这一功能。

第7章　UI高级控件

Android 系统中，除了基本的控件组件外，还有大量的图形组件来丰富我们的 Android 界面和方便程序员编程，比如切换组件、菜单、提示组件等。

UI 高级控件包括列表类控件、Toast、对话框以及多语言支持等。

7.1　滚动视图 ScrollView

我们都知道，移动设备的屏幕的高度显示有限，在我们有大量信息需要多显示的时候，就需要用到 Android 中的一个组件——滚动视图（ScrollView），滚动视图组件能有效地安排多个组件。ScrollView 的继承类如下：

```
java.lang.Object
        android.view.View
            android.view.ViewGroup
            android.widget.FrameLayout
                    android.widget.ScrollView
```

ScrollView 组件类继承了布局管理器 FrameLayout 类的结构，所以本质上 ScrollView 也是定义了新的布局管理器。我们可以通过下面的代码来认识 ScrollView 组件。ScrollView 的 XML 文件内容。

```
<?xml version="1.0" encoding="utf-8"?>
    <ScrollView                                          //使用滚动视图
    xmlns:android="http://schemas.android.com/apk/res/android"
      android:id="@+id/ScrollView001"                    //滚动视图 ID
      android:layout_width="fill_parent"                 //填充整个屏幕宽度
      android:layout_height="fill_parent"                //填充整个屏幕高度
    <LinearLayout                                        //嵌套线性布局管理器
      xmlns:android="http://schemas.android.com/apk/res/android"
      android:id="@+id/liner001"                         //嵌套布局管理器 ID
      android:orientation="vertical" >                   //组件按照垂直方向排列
      android:layout_width="fill_parent"                 //填充整个屏幕宽度
      android:layout_height="fill_parent"                //填充整个屏幕高度
    </LinerLayout>
  </ScrollView>
```

通过以上代码，我们可以看出，滚动组件的使用与布局组件的使用在形式上是基本一致的，唯一不同的是在滚动组件中只能有一个组件，所以我们也可以理解为滚动视图其实就是包含一个组件的容器，而布局管理器中可以包含多个组件。

在滚动组件中的组件可以通过拖拽滚动条的方式显示长于屏幕的信息。

【例 1】通过下拉菜单显示同一张图片。

Main.xml 布局文件内容：

```
<?xml version="1.0" encoding="utf-8"?>
<ScrollView xmlns:android="http://schemas.android.com/apk/res/android"
    android:layout_width="fill_parent"
    android:layout_height="fill_parent"
    android:scrollbars="vertical">
    <LinearLayout android:orientation="vertical"
        android:layout_width="fill_parent"
        android:layout_height="fill_parent">
        <ImageView
            android:layout_width="wrap_content"
            android:layout_height="wrap_content"
            android:src="@drawable/icon1"
            android:layout_gravity="center_horizontal"/>
        <ImageView android:layout_width="wrap_content"
            android:layout_height="wrap_content"
            android:src="@drawable/ icon1"
            android:layout_gravity="center_horizontal"/>
        <ImageView android:layout_width="wrap_content"
            android:layout_height="wrap_content"
            android:src="@drawable/ icon1"
            android:layout_gravity="center_horizontal"/>
        <ImageView android:layout_width="wrap_content"
            android:layout_height="wrap_content"
            android:src="@drawable/ icon1"
            android:layout_gravity="center_horizontal"/>
        <ImageView android:layout_width="wrap_content"
            android:layout_height="wrap_content"
            android:src="@drawable/ icon1"
            android:layout_gravity="center_horizontal"/>
        <ImageView android:layout_width="wrap_content"
            android:layout_height="wrap_content"
            android:src="@drawable/ icon1"
            android:layout_gravity="center_horizontal"/>
        <ImageView android:layout_width="wrap_content"
            android:layout_height="wrap_content"
            android:src="@drawable/ icon1"
            android:layout_gravity="center_horizontal"/>
        <ImageView android:layout_width="wrap_content"
            android:layout_height="wrap_content"
            android:src="@drawable/ icon1"
            android:layout_gravity="center_horizontal"/>
        <ImageView
            android:layout_width="wrap_content"
            android:layout_height="wrap_content"
            android:src="@drawable/ icon1"
            android:layout_gravity="center_horizontal"/>
```

```
    </LinearLayout>
</ScrollView>
```

运行效果如图 7-1 所示。

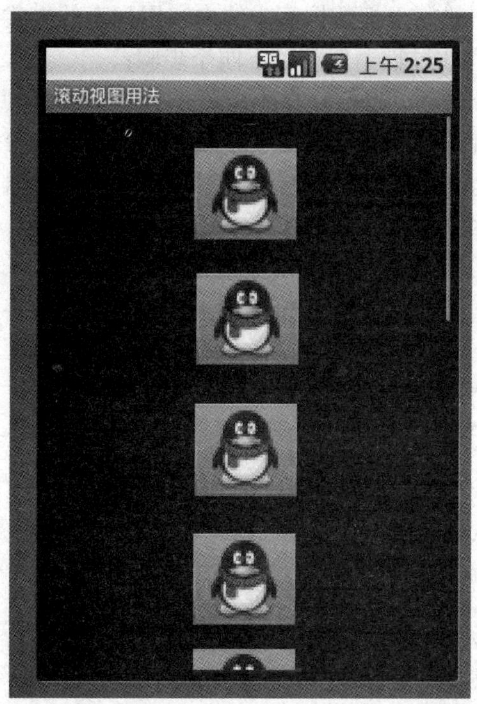

图 7-1

7.2　列表显示控件 ListView

在 Android 开发中，控件 ListView 是比较常用的组件。ListView 组件就是以列表的形式显示具体的内容。ListView 类本身有多种方法，常用的方法如表 7.1 所示。

表 7.1　ListView 常用方法

方法	描述
public ListView (Context context)	创建 ListView 类对象
public void setAdapter(ListAdapter adapter)	设置要显示的数据
public ListAdapter getAdapter	返回 ListAdapter
public void setsetOnItemSelectedListen(AdapterView.OnItemSelectedListener listener)	当选项选中此条时触发事件

比如经常需要把数组或数据库中的内容条目显示出来就会用到 ListView 组件。

列表显示常常需要用到三个元素：

- ListView——用来显示列表的 View。
- 适配器——用来把数据映射到 ListView 的媒介。

- 数据——具体的将被展示的字符串，图片或者基本组件。

根据列表适配器的类型，列表本身又分为三种：ArrayAdapter、ArrayAdapter 和 SimpleCursorAdapter。ArrayAdapter 相对比较简单，只能显示一行字，ArrayAdapter 扩展性较好，SimpleCursorAdapter 一般用于把数据库中的内容用列表的方式显示出来。

通过 ListView 显示内容的过程一般有以下四个步骤：

- 定义要显示的每个子项（item）的格式。
- 定义数据源，也就是将要显示的文字、图片或基本组件等。
- 定义适配器，并为其装载数据源（把数据源映射到适配器）。
- 为控件绑定适配器。

下面通过一个例子来实现一个 ListView 显示。

【例 2】简单 ListView 显示，使用 ArrayAdapter 适配器显示字符串组的内容。

Main.xml 布局文件：

```
<ListView android:id="@android:id/list"
        android:layout_width="fill_parent" android:layout_height="wrap_content"
/>
```

Java XML 代码：

```
Package org.lang.ListViewDemo
import android.app.ListActivity;
import android.os.Bundle;
import android.view.View;
import android.widget.ArrayAdapter;
import android.widget.ListView;

    public class ListViewDemo extends Activity {
    private ListView listView;      //定义 ListView 组件
    //private List<String> data = new ArrayList<String>();
   @Override
    public void onCreate(Bundle savedInstanceState){
      super.onCreate(savedInstanceState);
      listView = new ListView(this); // 生成一个实例组件
      listView.setAdapter(new ArrayAdapter<String>(this, android.R.layout. android.R.layout.simple_
list_item_1, getData()));                    //将数据包装，每行显示一条数据
      setContentView(listView);       //将组件添加到屏幕上
    }
    private List<String> getData(){
       List<String> data = new ArrayList<String>();       //定义字符串数组
       data.add("语文成绩");
       data.add("数学成绩");
       data.add("英语成绩");
       data.add("物理成绩");
       return data;
    }
}
```

效果如图 7-2 所示。

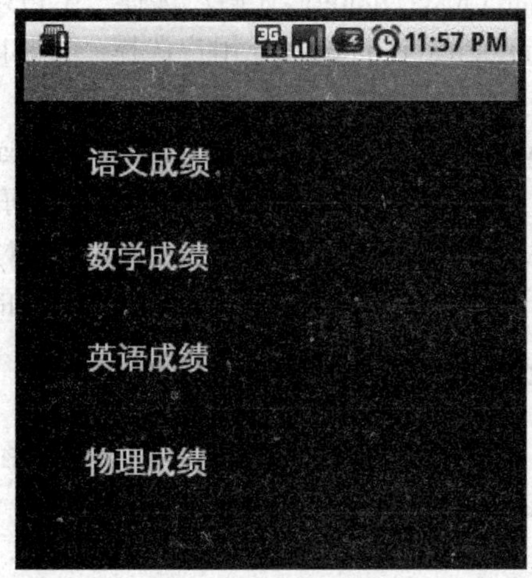

图 7-2

在上面的代码中，我们使用了 ArrayAdapter(Context context, int textViewResourceId, List<T> objects)用来装载数据，使用 ArrayAdapter 创建 ListView 列表内容格式，需要装载这些数据就需要一个连接 ListView 视图对象和数组数据的适配器配合工作，ArrayAdapter 的构造需要三个参数，依次为 this、布局文件 android.R.layout.simple_list_item_1、getData()。例子中的布局文件描述的是列表的每一行的布局，一个 List 集合作为数据源，同时用 setAdapter()完成适配的最后工作。

7.3　对话框 Dialog

在 Android 程序开发过程中，我们常常会使用到弹出对话框，询问用户的选择，比如我们经常用到的弹出确认提示框就属于此类控件。一个对话框一般是出现在当前 Activity 之上的一个小窗口，对话框接受所有的用户交互。对话框一般用于提示信息和与当前应用程序直接相关的小功能。

Android 平台在应用包 android.app 中定义了对话框机器子类，Android dialog 类继承了 android.app.Dialog 类。继承结构为：

```
java.lang.Object
      android.app.Dialog
```

Android dialog 类直接继承 Object 类，常用的方法有：

- onCreateDialog()：创建对话框的实现。
- showDialog()：需要显示的时候调用。
- onPrepareDialog()：更改已有对话框时调用。

Android API 支持下列类型的对话框类型：

（1）警告对话框 AlertDialog：一个可以有 0～3 个按钮，一个单选框或复选框的列表的对话框。警告对话框可以创建大多数的交互界面，是推荐的类型。

（2）进度对话框 ProgressDialog：显示一个进度环或者一个进度条。由于它是 AlertDialog

的扩展，所以它也支持按钮。

（3）日期选择对话框 DatePickerDialog：让用户选择一个日期。

（4）时间选择对话框 TimePickerDialog：让用户选择一个时间。

（5）定制对话框。

对话框一般作为 Activity 的一部分创建和显示，通过 onCreateDialog(int)函数在 Activity 中创建对话框。当使用这个回调函数时，Android 系统自动管理每个对话框的状态并将它们和 Activity 连接，将 Activity 变为对话框的“所有者”，这样，每个对话框从 Activity 继承一些属性。例如，当一个对话框打开时，MENU 键会继承显示 Activity 的菜单。

7.3.1 警告对话框 AlertDialog 与 AlertDialog.Builder

警告对话框 AlertDialog 是对话框中最简单且常用的一种对话框，主要为用户提供一条警告信息，AlertDialog 类是 Dialog 的直接子类，继承结构如下：

```
java.lang.Object
    android.app.Dialog
        android.app.AlertDialog
```

AlertDialog 类通过内嵌的 AlertDialog.Builder 完成实例。AlertDialog.Builder 提供方法如表 7.2 所示。

表 7.2 警示对话框 AlertDialog.Builder 类常用方法

方法	说明
setTitle()	给对话框设置 title
setIcon()	给对话框设置图标
setMessage()	设置对话框的提示信息
setItems()	设置对话框要显示的一个 List，一般用于要显示几个命令时
setSingleChoiceItems()	设置对话框显示一个单选的 List
setMultiChoiceItems()	用来设置对话框显示一系列的复选框
setPositiveButton()	给对话框添加 Yes 按钮
setNegativeButton()	给对话框添加 No 按钮

【例 3】创建一个简单的警示对话框，此对话框只显示对话框，不做任何处理。

（1）在 main.xml 中定义组件，警示对话框在 Activity 中通过 AlertDialog.Builder 建立：

```
<?xml version="1.0" encoding="utf-8"?>
<LinearLayout
xmlns:android=http://schemas.android.com/apk/res/android
    android:id="@+id/MyDemo"
    android:orientation="horizonal"
    android:layout_width="fill_parent"
    android:layout_height="fill_parent"
    >
    <TextView
```

```
            android:id="@+id/text01"
            android:layout_width="wrap_parent"
            android:layout_height="wrap_content"
            android:text="Hello Dialog"
        />
    <Button
            android:id="@+id/button1"
            android:layout_width="wrap_parent"
            android:layout_height="wrap_content"
            android:text="确认"
    />
    </LinearLayout>
```

（2）编写 Activity 程序，显示警示对话框：

```
package org.lang.dialogdemo;
import android.app.Activity;
import android.app.Dialog;
import android.app.AlertDialog;
import android.content.DialogInterface;
import android.os.Button;
import android.view.View;
import android.view.View.OnClickListener;
import android.widget.Button;
public class DialogDemo extends Activity {
private Button button1;
AlertDialog.Builder builder = new Builder(DialogDemo.this);//实例化对象
  builder.setMessage("显示提示信息");   //设置警示显示内容
  builder.setTitle("对话框演示");        //设置警示显示标题
//下面建立两个警示按钮
  builder.setPositiveButton("确认", new OnClickListener() { //添加 YES 按钮
   @Override
   public void onClick(DialogInterface dialog, int whichButton) {//按钮单击事件
    dialog.dismiss();
  Main.this.finish();
   }
  });
  builder.setNegativeButton("取消", new OnClickListener() {//添加 NO 按钮
   @Override
   public void onClick(DialogInterface dialog, int which) {
    dialog.dismiss();
   }
  });
  builder.create().show();
 }
```

显示效果如图 7-3 所示。

图 7-3

7.3.2 DatePickerDialog 与 TimePickerDialog

用户可以使用可视化的方式选择日期/时间，在 Android 系统开发中可以使用 DatePickerDialog 与 TimePickerDialog 组件来达到目的。日期和时间选择对话框，首先是要获得当前时间，Java 类中的 Calendar 来获得日期和时间。

创建对话窗口的步骤：

（1）要弹出 DatePickerDialog 让用户设置日期必须先调用 Activity 的显示对话框方法 showDialog()。因为一个 Activity 可以建立多个对话窗口，所以每个对话窗口就需要一个 ID 作为其识别码并用作参数传递。用法是：

```
static final int DATE_PICKER_ID=0;
showDialog（DATE_PICKER_ID）;
```

（2）调用 showDialog()之后自动调用 Activity 的 onCreateDialog()建立对话窗口，程序员可以在这里给出自己的方法。

（3）创建 DatePickerDialog 对话窗口，通过建立 DatePickerDialog 实例对象，声明一个监听器，使用匿名内部类实现 DatePickerDialog.OnDateSetListener。重写 onCreateDialog 方法。

【例 4】使用日期显示对话框组件创建一个日期对话框。

（1）布局文件 main.xml，添加一个 Button 按钮。

```
<?xml version="1.0" encoding="utf-8"?>
<RelativeLayout xmlns:
    android="http://schemas.android.com/apk/res/android"
    android:layout_width="fill_parent"
    android:layout_height="wrap_content"
    android:orientation="vertical" >
    <Button
        android:id="@+id/showDatePicker"
        android:text="showDatePickerDialog"
        android:layout_width="fill_parent"
        android:layout_height="wrap_content"
```

```
        android:onClick="showDialog"
        />
```

（2）Activity 程序文件内容：

```
package gov.com.datepickertest;
import android.app.Activity;
import android.app.DatePickerDialog;
import android.app.DatePickerDialog.OnDateSetListener;
import android.app.Dialog;
import android.os.Bundle;
import android.view.View;
import android.view.View.OnClickListener;
import android.widget.Button;
import android.widget.DatePicker;
import android.widget.Toast;
public class DatePickerActivity extends Activity {
 private final int DATE_PICKER_ID=0;
     private Button showDialogButton=null;
     @Override
     public void onCreate(Bundle savedInstanceState) {
          super.onCreate(savedInstanceState);
          setContentView(R.layout.main);
          showDialogButton=(Button)findViewById(R.id.showDatePicker);
          showDialogButton.setOnClickListener(new OnClickListener();
     { @Override
          public void onClick(View v) {
          showDialog(DATE_PICKER_ID); }
      });
     }
     @Override
     protected Dialog onCreateDialog(int id) {
      switch (id) {
  case DATE_PICKER_ID:
   return new DatePickerDialog(this, onDateSetListener,2012, 04, 02);
  default:   //设置缺省显示日期
   return null;
  }
 }
DatePickerDialog.OnDateSetListener onDateSetListener=new OnDateSetListener() {   //用户设置日期
  @Override
  public void onDateSet(DatePicker view, int year, int monthOfYear,
    int dayOfMonth) {
   String str=year+"年"+monthOfYear+"月"+dayOfMonth+"日";
   Toast.makeText(DatePickerActivity.this,str,Toast.LENGTH_LONG).show();
  }
 };
}
```

效果如图 7-4 所示。

图 7-4

时间对话框 TimePickerDialog 与日期对话框的结构可以对照进行编程。

7.3.3 进度处理对话框 ProgressDialog

在 Android 应用程序中，往往程序的执行需要用户等待，在此过程中，为了不让用户茫然或着急，往往会提示用户等待，出现等待对话框，Android 系统中通过进度处理对话框 ProgressDialog 可以显示操作进度的相关情况。进度处理对话框 ProgressDialog 类的定义结构如下：

```
java.lang.Object
        android.app.Dialog
              android.app.AlertDialog
                    android.app.ProgressDialog
```

从上面看出，ProgressDialog 对话框继承了 AlertDialog，因此 AlertDialog 中的方法也可以使用。

ProgressDialog 进度对话框可以使用的方法如表 7.3 所示。

表 7.3 ProgressDialog 进度对话框常用方法

方法	说明
setProgressStyle()	设置进度条风格，风格为圆形，旋转的
setTitlt ()	设置 ProgressDialog 标题
setMessage()	设置 ProgressDialog 提示信息
setIcon()	设置 ProgressDialog 标题图标
setIndeterminate()	设置 ProgressDialog 的进度条是否不明确
setCancelable()	设置 ProgressDialog 是否可以按返回键取消
setButton()	ProgressDialog 的一个 Button（需要监听 Button 事件）
show()	显示 ProgressDialog

【例 5】本程序直接使用 show()方法显示对话框，默认 5 秒后关闭。

（1）布局文件 main.xml，添加一个 Button 按钮。

```
<?xml version="1.0" encoding="utf-8"?>
<RelativeLayout
    xmlns:android="http://schemas.android.com/apk/res/android"
    android:layout_width="fill_parent"
    android:layout_height="wrap_content"
    android:orientation="vertical" >
    <Button
      android:id="@+id/showProgress"
      android:text="显示 ProgressDialog "
      android:layout_width=" wrap_content "
      android:layout_height="wrap_content"
      android:onClick=" show()"
    />
```

（2）启动对话框 Activity 主程序。

```
package com.android.ProgressDemo;
import android.app.Activity;
import android.app.ProgressDialog;
import android.os.Bundle;
import android.os.Handler;
import android.os.Message;
import android.view.View;
import android.view.View.OnClickListener;
import android.widget.Button;

public class MainActivity extends Activity {
    private Button button2;
    private ProgressDialog pd;

    @Override
    public void onCreate(Bundle savedInstanceState) {
        super.onCreate(savedInstanceState);
        setContentView(R.layout.main);

        button2 = (Button) findViewById(R.id.button1);
        button2.setOnClickListener(new OnClickListener() {   //设置单击事件
            @Override
            public void onClick(View v) {      //显示 ProgressDialog
            pd = ProgressDialog.show(MainActivity.this, "标题", "加载中，请稍后……");

        new Thread(new Runnable() {  //开启一个新线程，在新线程里执行耗时的方法
                @Override
            public void run() {
        try{
                Thread.sleep(5000);//运行 5 秒后自动关闭对话框
```

```
                    } catch (Exception e) {
                }finally{
                        Pd.dismiss();
                            }
                    }}.start();
                    Pd.show();
            }
        });

    }
```

通过调用 ProgressDialog.show()方法来显示一个进度对话框，而通过 onCreateDialog(int)回调管理这个对话框本程序直接使用 show()方法显示对话框，如果需要定义一个新线程，在执行耗时间的操作之前弹出 ProgressDialog 提示用户，在新线程里执行耗时的操作，执行完毕之后通知主程序将 ProgressDialog 结束 。

进度对话框的缺省类型是一个旋转轮，运行看到的效果如图 7-5 所示。

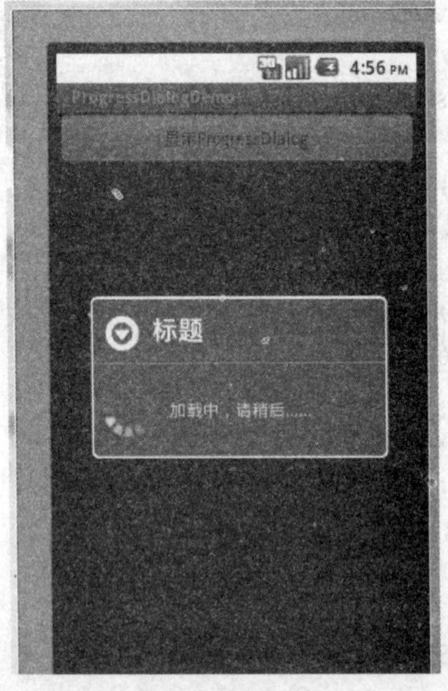

图 7-5

7.4 评分组件 RatingBar

我们经常在程序中要求用户进行打分评价某些产品或节目，通常会使用一些评分系统，直观地显示就会使用到评分组件。使用评分组件可以方便用户的输入。RatingBar 类的定义结构如下：

```
java.lang.Object
android.view.View
        android.widget.ProgressBar
                android.widget.AbsSeekBar
                        android.widget.RatingBar
```

RatingBar 类继承了 AbsSeekBar 类。表 7.4 是 RatingBar 常用的方法。

表 7.4　RatingBar 常用方法

方法	描述
public int getNumStars()	返回显示的星型数量
public float getRating ()	获取当前的评分
public float getStepSize ()	获取评分条设置的步长
public boolean isIndicator ()	判断当前的评分条能否被修改
public synchronized void setMax (int max)	设置评分等级的范围，从 0 到 max
public void setNumStars (int numStars)	设置显示的星型的数量，建议将当前 widget 的布局宽度设置为 wrap content
public void setOnRatingBarChangeListener (RatingBar. OnRatingBarChangeListener listener)	设置操作监听
public void setRating (float rating)	设置当前分数
public void setStepSize (float stepSize)	设置当前评分条的步长
public void setIsIndicator (boolean isIndicator)	设置当前的评分条是否能被修改

RatingBar 常用的属性如表 7.5 所示。

表 7.5　RatingBar 常用的属性

属性	方法
android:numStars	显示的星型数量，必须是一个整形值，如 100
android:isIndicator	RatingBar 是否是一个指示器（用户无法进行更改）
android:rating	默认的评分，必须是浮点类型，如 1.2
android:stepSize	评分的步长，必须是浮点类型，如 1.2

在操作评分组件时可能会产生评分监听事件，评分监听事件使用的方法接口是 atingBar.OnRatingBarChangeListener。

【例 6】定义两个评分组件，一个是用户可以操作的组件 ratingbarA，另一个是用户不能操作的组件 ratingbarB。

（1）布局文件内容：

```
<?xml version="1.0" encoding="utf-8"?>
    <LinearLayout
    xmlns:android="http://schemas.android.com/apk/res/android"
        android:id="@+id/MyLayout"
        android:orientation="vertical"
    android:layout_width="fill_parent"
        android:layout_height="fill_parent"
    >
    <TextView
        android:id="@+id/text01"
```

```
            android:layout_width="wrap_parent"
            android:layout_height="wrap_content"
            android:text="评分组件"
            />

        <RatingBar
            android:id="@+id/ratingbarA"
            android:layout_width=" warp_content"
            android:layout_height=" warp_content "
            android:numStars="5"
            android:stepSize ="0.5"
            android:isindicator="false"
        <RatingBar
            android:id="@+id/ratingbarB"
            android:layout_width=" warp_content"
            android:layout_height=" warp_content "
            android:numStars="5"
            android:stepSize ="0.5"
            android:isindicator="true"

    /LinearLayout>
```

（2）Activity 程序内容：

```
    package org.lang.ratingbarDemo;

    import android.app.Activity;
    import android.os.Bundle;
    import android.widget.RatingBar;
    import android.widget.TextView;
    import android.widget.RatingBar.OnRatingBarChangeListener;

    public class RatingBarDemo extends Activity {
            private RatingBar RatingBarA=null;
            private TextView tv;
        @Override
        public void onCreate(Bundle savedInstanceState) {
            super.onCreate(savedInstanceState);
            super.setContentView(R.layout.main);
            tv=(TextView)findViewById(R.id.text01);
            RatingBarA =(RatingBar)findViewById(R.id.RatingBarA);
            RatingBarA.setNumStars(5);
            RatingBarA.setRating(3);
            RatingBarA.setOnRatingBarChangeListener(rbDemo);
            //定义一个监听器
        }
        private OnRatingBarChangeListener rbDemo=new OnRatingBarChangeListener(){
```

```
                @Override
                public void onRatingChanged(RatingBar ratingBar, float rating,
                                boolean fromUser) {
                        tv.setText(String.valueOf(rb.getRating()));
                        //输出评分
                }

        };
    }
```

显示效果如图 7-5 所示。

图 7-5

以上代码构建了一个最基本的评分组件，评分组件在默认情况下显示的图片是五角星，程序员可以根据自己的需要定义显示图片，这时需要将使用的图片保存在 drawable-*文件夹中，按照图片调用方式在程序中调用。

7.5　信息提示框 Toast

Toast 是一个以简单提示信息为主的操作显示组件，在 Android 系统中，我们通过对话框对用户的一些操作做出提示，但是可能会打断用户的操作，而 Toast 是一个 View 视图，快速地为用户显示少量的信息。Toast 在运行的应用程序上浮动显示信息给用户，它永远不会获得焦点，不影响用户的输入等操作，主要用于一些帮助/提示。

Toast 的类继承结构：

```
java.lang.Object
        android.widget.Toast
```

Toast 类中常见的方法如表 7.6 所示。

表 7.6 Toast 类中常见的方法

方法	描述
public int cancel ()	关闭视图，一般不会用，视图会在超过存续时间后自动消失
public int getDuration(int)	返回存续时间
public int getGravity(int)	取得提示信息在屏幕上显示的位置
public float getHorizontalMargin ()	返回横向栏外的空白
public float getVerticalMargin ()	返回纵向栏外的空白
public static Toast makeText (Context context, int resId, int duration)	生成一个从资源中取得的包含文本视图的标准 Toast 对象
public static Toast makeText (Context context, CharSequence text, int duration)	生成一个包含文本视图的标准 Toast 对象
public void setDuration (int duration)	设置生存时间
public void setGravity (int gravity, int xOffset, int yOffset)	设置提示信息在屏幕上的显示位置
public void setText (int resId)	更新之前通过 makeText()方法生成的 Toast 对象的文本内容
public void setView (View view)	设置要显示的 View（这个方法可以显示自定义的 Toast 视图，可以包含图像文字等）

Toast 最常见的创建方式是使用静态方法 Toast.makeText。只需要在程序中传入要显示的文字和显示时间长短即可，Toast 中定义时间长短的常量有 LENGTH_SHORT 和 LENGTH_LONG。格式为 makeText(Context context, int resId, int duration)，其中 context 显示在哪个上下文，通常是当前的 Activity 界面中；resId 表示显示内容引用，如引用资源文件中的哪条资源；duration 表示存在时间长短。显示 Toast 消息通过 show()方法即可显示。

```
Toast toast = Toast.makeText(ToastDemoActivity.this, "这是一个普通的 Toast!", Toast.LENGTH_SHORT);
toast.show();
```

以上代码表示在当前 activity 中显示信息："这是一个普通的 Toast!"，短时显示。

【例 7】在布局文件中定义一个按钮，当单击按钮时产生一个 Toast 提示框。

（1）布局文件。

```
<?xml version="1.0" encoding="utf-8"?>
    xmlns:android="http://schemas.android.com/apk/res/android"
    android:orientation="vertical"
    android:layout_width="fill_parent"
    android:layout_height="fill_parent"
    >
<Button
    android:id="@+id/button1"
    android:layout_width="fill_parent"
    android:layout_height="wrap_content"
    android:text="Toast 显示"
/>
```

（2）编写 Activity 程序，显示 Toast。

```
package org.lang.ToastDemo

import android.app.Activity;
import android.os.Bundle;
import android.view.View;
import android.view.OnClickListener;
import android.widget.Button;
import android.widget.Toast;

public class ToastDemo extends Activity {
private Button btn = null;

@Override
public void onCreate(Bundle savedInstanceState) {
super.onCreate(savedInstanceState);
super.setContentView(R.layout.main); //调用布局管理器
this.btn=(Button)findViewById(R.id. button1);
btn.setOnClickListener(new View.OnClickListenerDemo());    //设置事件

    private class OnClickListenerDemo implements OnClickListener
    {
        @Override
        public void onClick(View v) { //当按钮单击发生时的产生以下动作

        Toast.makeText(ToastDemo.this, "显示 Toast ",Toast. LENGTH_LONG).show();
        }
    }
}
```

此程序在单击按钮操作后，直接调用 Toast.makeText 的方法显示提示框，设置的时间是缺省的长时间常量。运行效果如图 7-6 所示。

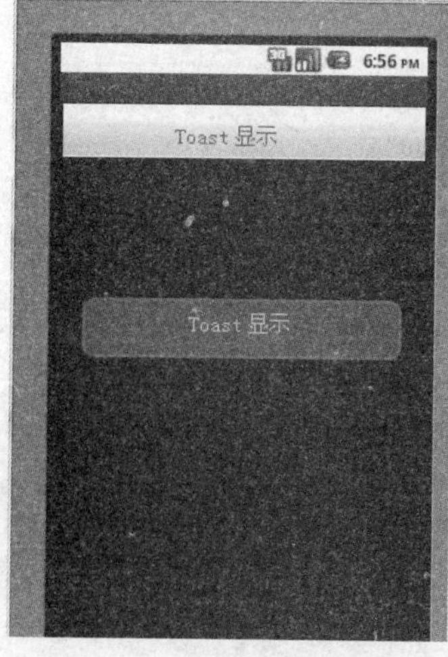

图 7-6

以上程序显示的是 Toast 默认风格的提示框，如果需要自定义显示框的位置等参数，可以利用 setGravity()这类方法来设置。

7.6 下拉菜单 Spinner

Spinner 位于 android.widget 包下，Spinner 是一个每次只能选择所有项中一个项的控件。当用户点击 Spinner 时，会弹出选择列表供用户选择，选择列表中的元素来自适配器。Spinner 是 View 类的一个子类，继承 ViewGroup。

```
java.lang.Object
   android.view.View
         android.view.ViewGroup
              android.widget.AdapterView
                    android.widget.AbsSpinner
                          android.widget.Spinner
```

Spinner 有一个重要的属性 android:prompt，当 Spinner 对话框关闭时显示该提示。Spinner 的几个重要方法如下：

- setPrompt(CharSequence prompt)：设置当 Spinner 对话框关闭时显示的提示。
- performClick()：如果它被定义就调用此视图的 OnClickListener 监听事件。
- setOnItemClickListener(AdapterView.OnItemClickListener l)：当某项被点击时调用相应的事件处理。
- onDetachedFromWindow()：当 Spinner 脱离窗口时被调用。

建立一个程序 SpinnerDemo 包含 5 个子项的 Spinner 控件。

XML 文件代码如下：

```
<?xml version="1.0" encoding="utf-8"?>
<LinearLayout
xmlns:Android="http://schemas.android.com/apk/res/android"
android:layout_width="match_parent"
android:layout_height="match_parent"
android:orientation="vertical" >
<TextView
android:id ="@+id/ TextView_Show "
android:layout_width="fill_parent"
android:layout_height="wrap_content"
android:text="你的选择是 "
/>
<Spinner    //定义一个 spinner 控件
android:id ="@+id/spinner_City "
android:layout_width="match_parent"
android:layout_height="wrap_content"
android:prompt="@string/city _prompt"
android:entries="@array/city "      //引用 array 下的资源
/>
</LinearLayout>
```

```
package com.lang.spinner;
import java.util.ArrayList;
import java.util.List;

import android.app.Activity;
import android.os.Bundle;
import android.view.MotionEvent;
import android.view.View;
import android.view.View.OnTouchListener;
import android.view.animation.Animation;
import android.view.animation.AnimationUtils;
import android.widget.AdapterView;
import android.widget.ArrayAdapter;
import android.widget.Spinner;
import android.widget.TextView;

public class SpinnerDemo extends Activity {
    /* Called when the activity is first created. */
    private List<String> list = new ArrayList<String>(); //实例化数组对象
private ArrayAdapter<String> adapter;
private TextView myTextView;
    private Spinner mySpinner;

     @Override
    public void onCreate(Bundle savedInstanceState) {
        super.onCreate(savedInstanceState);
        setContentView(R.layout.main);
        //第一步：添加一个下拉列表项的 list，这里添加的项就是下拉列表的菜单项
        list.add("北京");
        list.add("上海");
        list.add("深圳");
        list.add("南京");
        list.add("重庆");
         myTextView = (TextView)findViewById(R.id.TextView_Show);
        mySpinner = (Spinner)findViewById(R.id.spinner_City);
        //第二步：为下拉列表定义一个适配器，这里就用到里前面定义的 array
        adapter = new ArrayAdapter<String>(this,android.R.layout.simple_spinner_item,list);
        //第三步：为适配器设置下拉列表下拉时的菜单样式
        adapter.setDropDownViewResource(android.R.layout.simple_spinner_dropdown_item);
        //第四步：将适配器添加到下拉列表上
        mySpinner.setAdapter(adapter);
        //第五步：为下拉列表设置各种事件的响应，这个事响应菜单被选中
        mySpinner.setOnItemSelectedListener(new Spinner.OnItemSelectedListener(){
            public void onItemSelected(AdapterView<?> arg0, View arg1, int arg2, long arg3) {
                // TODO Auto-generated method stub
                /* 将所选 mySpinner 的值带入 myTextView 中*/
```

```
                myTextView.setText("您选择的是："+ adapter.getItem(arg2));
                /*将 mySpinner 显示*/
                arg0.setVisibility(View.VISIBLE);
            }
            public void onNothingSelected(AdapterView<?> arg0) {
                //增加处理代码
                myTextView.setText("NONE");
                arg0.setVisibility(View.VISIBLE);
            }
        });
        /*下拉菜单弹出的内容选项触屏事件处理*/
        mySpinner.setOnTouchListener(new Spinner.OnTouchListener(){
            public boolean onTouch(View v, MotionEvent event) {
                // TODO Auto-generated method stub
                /*将 mySpinner 隐藏，不隐藏也可以，看自己爱好*/
                v.setVisibility(View.INVISIBLE);
                return false;
            }
        });
        /*下拉菜单弹出的内容选项焦点改变事件处理*/
        mySpinner.setOnFocusChangeListener(new Spinner.OnFocusChangeListener(){
        public void onFocusChange(View v, boolean hasFocus) {
        // TODO Auto-generated method stub
            v.setVisibility(View.VISIBLE);
        }
        });
    }
}
```

效果如图 7-7 所示。

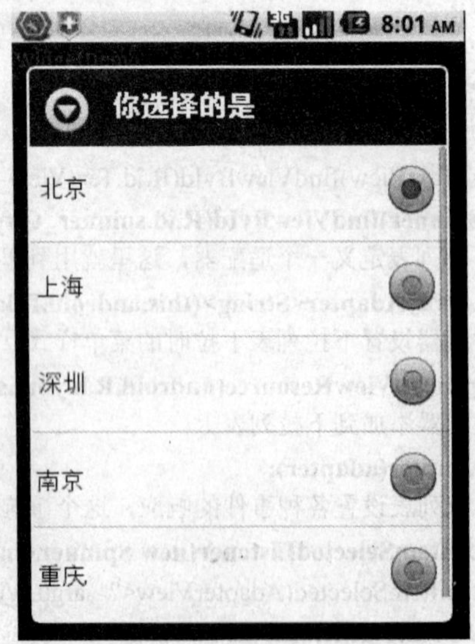

图 7-7

本章主要内容是讲解UI设计中经常使用到的一些常用高级组件，这些组件也是在Android系统中经常使用到的组件，它们的使用和前面的基础组件的使用相同；熟练掌握这些组件的使用，对提升 Android 程序设计质量是很有帮助的。

1．列表显示需要哪些元素？
2．如何创建对话框？
3．进度处理对话框 ProgressDialog 类的定义结构有哪些？

第 8 章　Android 应用程序组件

- 了解 Android 中的 Service 组件、BroadcastProvider 组件的作用
- 掌握 Intent 概念
- 了解 Intent 如何在 Activity 中传递数据
- 掌握 startActivity()调用 Intent
- 使用 startActivityForResult()方法调用 Intent

在 Android 系统中，存在多种类型的应用组件，一个成熟的项目通常由多个不同类型的应用组件组成。这些组件在功能方面各自有不同的作用，有的为执行程序提供可视界面，与用户交互；有的不提供给界面，仅仅在后台提供给服务；有的提供动态链接库文件，各自有不同的功能。

Android 的应用程序组件主要有四大核心组件：Activity（活动）、Service（服务）、Broadcast Receiver（广播接收器）和 Content Provider（内容提供者）。图 8-1 是 Android 重要的组件类结构层次。

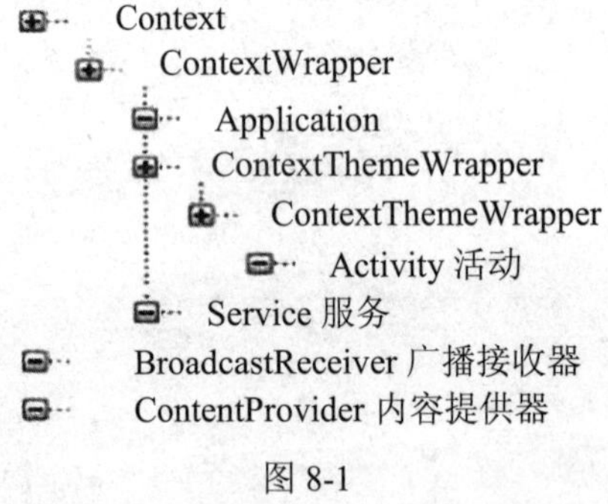

图 8-1

8.1　Intent 简介

Android 系统中提供的四大核心组件各自独立，它们之间可以相互调用，协调工作，组成一个完整的 Android 应用。其中三种应用程序基本组件——Activity、Service 和 Broadcast Receiver 会使用一个称为 Intent（意图）的消息来激活的。

Intent（意图）消息传递是一种绑定不同运行组件的机制。Intent 负责对应用程序中涉及的操作动作、数据、附加数据进行描述，Android 则根据 Intent 的描述，负责找到对应的组件，将 Intent 传递给调用的组件，并完成组件间调用。也可以说 Intent 是一个把将要执行的动作进行抽象描述，一般来说动作在 Intent 中作为参数来使用，由 Intent 来协助完成 android 各个组件之间的通讯。比如说调用 startActivity()来启动一个 Activity，或者由 broadcaseIntent()来传递给所有感兴趣的 BroadcaseReceiver，再或者由 startService()/bindservice()来启动一个后台的 Service。因此，Intent 在这里起着一个媒体中介的作用，专门提供组件互相调用的相关信息，实现调用者与被调用者之间的耦合。

Intent 是 Android 中一个很重要的类，Intent 提供了一种通用的消息系统，通过 Intent 可以在一个应用程序与另一个应用程序之间传递消息，执行动作。

8.1.1　Intent 组成

Intent 作为传递信息的信使，需要在不同组件之间传递信息，要传递信息，首先需要一个 Intent 对象，一个 Intent 对象就是一个 Bundle 信息（Android 中的一个类，类似于 Hashmap），因此一个 Intent 对象包含了很多数据的信息，比如要执行的动作、类别、数据、附加信息等。

一个 Intent 对象包含的信息有：

（1）组件名称，这个名称是一个 ComponentName 对象，用来指定 Intent 的目标组件的类名称。Intent 在寻找目标组件时有两种方法：一是通过组件名称直接指定，找到指定的组件并启动组件完成相应的动作；二是通过 IntentFilter 过滤指定。组件名称是使用 setComponent()、setClass()或 setClassName()来设定，使用 getComponent()来获取。

下面是 ComponentName 属性设置。

```
ComponentName cn=new ComponentName(MainActivity.this,"com.package.app.MyActivity")
//实例化组件名称，com.package.app.MyActivity 是目标组件名称
Intent intent=new Intent();          //实例化 intent
Intent.setComponent(cn);             //为 Intent 设置组件名称
startActivity(intent);               //传递 Intent，启动组件 MyActivity
```

（2）Action（动作），也就是 Intent 要执行的动作。一个 Intent 的 Action 在很大程度上说明这个 Intent 要做什么，是查看（View）、删除（Delete）、编辑（Edit）还是其他操作。Android 中预定义了很多 Action，表 8.1 列出几个动作在 SDK 中定义的标准动作。

表 8.1　SDK 中定义的标准动作

常量	目标组件	动作
ACTION_CALL	activity	电话呼叫初始化
ACTION_EDIT	activity	为用户编辑显示数据
ACTION_MAIN	activity	开始初始化一个任务活动，没有数据输入和结果输出
ACTION_SYNC	activity	同步服务器与移动手机中的数据
ACTION_BATTERY_LOW	broadcast receiver	电池电量低警告
ACTION_HEADSET_PLUG	broadcast receiver	头戴式耳机插入或拔出一个设备
ACTION_SCREEN_ON	broadcast receiver	屏幕已打开
ACTION_TIMEZONE_CHANGED	broadcast receiver	时区设置已经改变

通过 Intent 对象的 getAction()可以获取动作，使用 setAction()可以设置动作。

（3）Data，也就是执行动作要操作的数据。一般由一个 URI 表示，用于执行一个 Action 时所用到的数据的 URI 和 MIME。Android 中采用指向数据的一个 URI 来表示，如在联系人应用中，一个指向某联系人的 URI 可能为：content://contacts/1。对于不同的动作，其 URI 数据的类型是不同的（可以设置 type 属性指定特定类型数据），如 ACTION_EDIT 指定 Data 为文件 URI，打电话为 tel:URI，访问网络为 http:URI，而由 content provider 提供的数据则为 content: URIs。数据的 URI 和类型对于 Intent 的匹配是很重要的，Android 往往根据数据的 URI 和 MIME 找到能处理该 Intent 的最佳目标组件。

（4）type（数据类型），显式指定 Intent 的数据类型（MIME）。一般 Intent 的数据类型能够根据数据本身进行判定，但是通过设置这个属性，可以强制采用显式指定的类型而不再进行推导。

（5）category（类别），指被执行动作的附加信息。指定了用于处理 Intent 的组件的类型信息，一个 Intent 可以添加多个 category，使用 addCategory()方法即可，使用 removeCategory()删除一个已经添加的类别。Android 的 Intent 类里定义了很多常用的类别，可以参考使用。

（6）component（组件），指定 Intent 的的目标组件的类名称。通常 Android 会根据 Intent 中包含的其他属性的信息，比如 action、data/type、category 进行查找，最终找到一个与之匹配的目标组件。但是，如果 component 这个属性有指定的话，将直接使用它指定的组件，而不再执行上述查找过程。指定了这个属性以后，Intent 的其他所有属性都是可选的。

（7）extras（附加信息），是其他所有附加信息的集合。有些用于处理 Intent 的目标组件需要一些额外的信息，那么就可以通过 Intent 的 put..()方法把额外的信息塞入到 Intent 对象中，使用 extras 可以为组件提供扩展信息。比如，如果要执行“发送电子邮件”这个动作，可以将电子邮件的标题、正文等保存在 extras 中，传给电子邮件发送组件。

8.1.2 Intent 解析及 Intent Filter 操作

在 Android 应用中，使用 Intent 一般有两种方式：显示 Intent 和隐式 Intent。

显式 Intent：在构造 Intent（意图）时直接指定处理 Intent 的类名称，则这种方式为显示意图。指定了 component 属性的 Intent（调用 setComponent(ComponentName) 或者 setClass(Context, Class)来指定）。通过指定具体的组件类，通知应用启动对应的组件。

隐式 Intent：没有指定 comonent 属性的 Intent。使用隐式 Intent 需要在目标组件中定义 IntentFilter，IntentFilter 中定义目标组件怎样使用此 Intent。这些 Intent 需要包含足够的信息，这样系统才能根据这些信息，在所有的定义了 IntentFilter 的可用组件中，查找确定满足此 Intent 的组件，并根据 Intent 要求实施任务。

Intentfilter 是 Intent 过滤器，目标组件通过定义过滤器中一些条件决定哪些隐式的 Intent 可以和该组件通信。

Intent 解析机制

对于显示 Intent，Android 不需要去做解析，因为目标组件已经很明确，Android 需要解析的是那些间接 Intent，通过解析将 Intent 映射给可以处理此 Intent 的 Activity、Service 或 Broadcast Receiver。

Intent 解析机制主要是隐式 Intent 通过查找已注册在 AndroidManifest.xml 中的所有

<intent-filter>及其定义的 Intent 进行比较，比较是通过 PackageManager（注：PackageManager 能够得到当前设备上所安装的 application package 的信息）来查找能处理这个 Intent 的 component 组件。在这个解析过程中，Android 是通过 Intent 的 action、type、category 这三个属性来进行判断的，如果任何一个条件不匹配，Android 都不会将该隐私 Intent 传递给目标组件。

Intent 解析过程如下：

（1）动作解析（action）。

一条< intent-filter>元素至少应该包含一个<action>，否则任何 Intent 请求都不能和该< intent-filter>匹配。如果 Intent 请求的 Action 和<intent-filter>中个某一条<action>匹配，那么该 Intent 就通过了这条< intent-filter>的动作测试。

如果 Intent 指明了 action，则目标组件的 IntentFilter 的 action 列表中就必须包含有这个 action，否则不能匹配；如果 Intent 中没有指明任何 action，只要目标组件有 action 类型，这个 Intent 请求就将顺利地通过< intent-filter>的动作测试。

动作在< intent-filter>中的描述如下：

```
< intent-filter>
< action android:name="com.example.project.SHOW_CURRENT" />
< action android:name="com.example.project.SHOW_RECENT" />
< action android:name="com.example.project.SHOW_PENDING" />
< /intent-filter>
```

（2）类型解析（type）。

如果 Intent 没有提供 type，系统将从 data 参数中得到数据类型。和 action 一样，目标组件的数据类型列表中必须包含 Intent 的数据类型，否则不能匹配。

（3）数据解析（data）。

如果 Intent 中的数据不是 content: URI 类型，而且 Intent 也没有明确指定 type，将根据 Intent 中数据的 scheme（比如 http:或者 mailto:）进行匹配。同上，Intent 的 scheme 必须出现在目标组件的 scheme 列表中。

数据在< intent-filter>中的描述如下：

```
< intent-filter >
< data android:type="video/mpeg" android:scheme="http" />
< data android:type="audio/mpeg" android:scheme="http" />
< /intent-filter>
```

（4）类别解析（category）。

如果 Intent 指定了一个或多个 category，这些类别必须全部出现在组建的类别列表中。比如 Intent 中包含了两个类别：LAUNCHER_CATEGORY 和 ALTERNATIVE_CATEGORY，解析得到的目标组件必须至少包含这两个类别。IntentFilter 中多余的< category>声明并不会导致匹配失败。一个没有指定任何类别测试的 IntentFilter 仅仅只会匹配没有设置类别的 Intent 请求。

类别在< intent-filter>中的描述如下：

```
< intent-filter >
< category android:name ="android.Intent.Category.BROWSABLE" />
< category android:name="android.Intent.Category.DEFAULT" />
```

```
< /intent-filter>
```

【例 1】简单实现两个 Activity 之间的跳转：

（1）第一个 Activity 代码，它调用另一个 Activity。

```
import android.app.Activity;
import android.content.Intent;
import android.net.Uri;
import android.os.Bundle;
public class Main extends Activity {
private final String mapSearchIntent = "com.decarta.mapsearch.intent.action.SEARCH";
                                                      //定义动作的字符串
/*第一次启动时调用*/
@Override
public void onCreate(Bundle savedInstanceState) {
    super.onCreate(savedInstanceState);
    setContentView(R.layout.main);
    Uri mapUri = Uri.parse("geo:39.906033,116.397700"); //设置动作数据字符串
    Intent i = new Intent(mapSearchIntent, mapUri);//实例化 Intent
    i.setData(mapUri);
    startActivity(i); //传递 Intent，启动另外的 Activity
    }
}
```

（2）另一个被调用的 Activity 代码内容。

```
import android.app.Activity;
import android.content.Intent;
import android.net.Uri;
import android.os.Bundle;

public class SecondActivity extends Activity{
    private Uri data;
    private String action;

@Override
public void onCreate(Bundle savedInstanceState) {
    super.onCreate(savedInstanceState);

    Intent intent = getIntent(); //获得 Intent
    if (intent.getAction() != null)
    action = intent.getAction();//判断 Intent 的 Action，并获得 Action
    if (intent.getData()!=null)
    data = intent.getData();//判断 Intent 的 Data，并获得 Data
    if (action.equals("com.decarta.mapsearch.intent.action.SEARCH")) {
    Intent i = new Intent(Intent.ACTION_VIEW, data);
    startActivity(i);
    }
  }
}
```

（3）在 AndroidManifest.xml 中设置 Intentfilter。

```
< activity android:name=".SecondActivity">
< intent-filter>
< action android:name="com.decarta.mapsearch.intent.action.SEARCH" />
< category android:name="android.intent.category.DEFAULT" />
< /intent-filter>
< /activity>
```

8.2　Intent 操作

首先，对于不同的组件它们都有独立的传递 Intent 的机制，也即它们激活 Intent 的方式是不同的。

- Activity 组件：对于 Activity 来说，主要通过 Context.startActivity()或者 Activity.startActivityForResult()启动一个 Activity；当使用 Activity.startActivityForResult()启动一个 Activity 时，可以使用 Activity.setResult()返回一些结果信息，可以在 Activity.onActivityResult()中得到返回的结果。
- Service：对于 Service 来说，通过 Context.startService() 启动一个服务，或者通过 Context.bindService() 和后台服务交互。
- Broadcast Receiver：对于 Broadcast Receiver 来说，通过广播方法（比如 Context.sendBroadcast()，Context.sendOrderedBroadcast()，Context.sendStickyBroadcast()）发给 broadcast receivers。

Intent 可以启动 Activity，也可以启动 Service，还可以发起一个广播 Broadcast，启动不同组件的方法是不同的，如表 8.2 所示。

表 8.2　Intent 组件

组件名称	方法
Activity	startActivity()，startActivityForResult()
Service	StartService()，bindService()
Broadcast	SentBroadcast()，sentOrderedBroadcast() SentStickyBroadcast()

8.3　使用 Intent 调用系统常用组件

1. 网页开始

在 Android 系统中，有一个默认的浏览器应用，如果用户希望在浏览器中打开网页，可以按照下面的方法设置：

```
1.    Uri uri = Uri.parse("http://google.com");   //设置希望打开的站点
2.    Intent it = new Intent(Intent.ACTION_VIEW, uri);
                                    //设置操作动作为 Intent.ACTION_VIEW
3.    startActivity(it);            //startActivity()传播一个 Intent 开始活动
```

2. 传送 SMS/MMS

```
Intent it = new Intent(Intent.ACTION_VIEW, uri);
it.putExtra("sms_body", "The SMS text");
it.setType("vnd.android-dir/mms-sms");
startActivity(it);
```

3. 传送短信或消息

```
Uri uri = Uri.parse("smsto://0800000123");
Intent it = new Intent(Intent.ACTION_SENDTO, uri);
it.putExtra("sms_body", "The SMS text");
startActivity(it);
```

4. 传送彩信

```
Uri uri = Uri.parse("content://media/external/images/media/23");
Intent it = new Intent(Intent.ACTION_SEND);
it.putExtra("sms_body", "some text");
it.putExtra(Intent.EXTRA_STREAM, uri);
it.setType("image/png");
startActivity(it);
```

5. 发送 Email

```
Uri uri = Uri.parse("mailto:xxx@abc.com");
Intent it = new Intent(Intent.ACTION_SENDTO, uri);
startActivity(it);
Intent it = new Intent(Intent.ACTION_SEND);
it.putExtra(Intent.EXTRA_EMAIL, "me@abc.com");
it.putExtra(Intent.EXTRA_TEXT, "The email body text");
it.setType("text/plain");
startActivity(Intent.createChooser(it, "Choose Email Client"));
Intent it=new Intent(Intent.ACTION_SEND);
String[] tos={"me@abc.com"};
String[] ccs={"you@abc.com"};
it.putExtra(Intent.EXTRA_EMAIL, tos);
it.putExtra(Intent.EXTRA_CC, ccs);
it.putExtra(Intent.EXTRA_TEXT, "The email body text");
it.putExtra(Intent.EXTRA_SUBJECT, "The email subject text");
it.setType("message/rfc822");
startActivity(Intent.createChooser(it, "Choose Email Client"));
```

6. 添加附件

```
Intent it = new Intent(Intent.ACTION_SEND);
it.putExtra(Intent.EXTRA_SUBJECT, "The email subject text");
it.putExtra(Intent.EXTRA_STREAM, "file:///sdcard/mysong.mp3");
sendIntent.setType("audio/mp3");
startActivity(Intent.createChooser(it, "Choose Email Client"));
```

7. 发送附件

```
Intent it = new Intent(Intent.ACTION_SEND);
it.putExtra(Intent.EXTRA_SUBJECT, "The email subject text");
it.putExtra(Intent.EXTRA_STREAM, "file:///sdcard/eoe.mp3");
```

```
sendIntent.setType("audio/mp3″);
startActivity(Intent.createChooser(it, "Choose Email Client"));
```

8. 调用拨打电话

```
Uri uri = Uri.parse("tel :100000");
Intent it = new Intent(Intent.ACTION_CALL, uri);
```

8.4　Service

Android 的 Service（服务）组件是一种能在后台运行，不需要用户界面，用来执行需要长时间处理的组件。服务（Service）主要用于两个目的：后台运行和跨进程访问。通过启动一个服务，可以在不显示界面的前提下在后台运行指定的任务，这样可以不影响用户做其他事情，主要在后台执行任务，比如从网上下载资料，播放音乐等；同时服务也可以实现不同进程之间的通信。Android 平台的 Service（服务）组件不提供可视界面。

Service 组件通常由其他组件启动，在系统后台运行，即使用户的应用已经切换到其他的程序，它仍然可以在后台运行。

在 Android 系统中，Service（服务）的使用需要通过 Activity 组件启用。Activity 使用服务以下有两种方式：

（1）Activity 调用服务组件，也称为 started 方式（启动模式）。

通过调用 startService()方法启动，这种方式 Activity 只能对服务行使启动和停止操作，无法与服务组件交互，如停止背景音乐的播放。这种方式调用者与服务之间没有关联，即使调用者退出，服务仍可继续。调用过程比较简单。

- 启动：通过函数 startService(Intent intent)来启动 Service，这时 Service 会调用自身的 onCreate()方法（该 Service 未创建），接着调用 onStart()方法开始服务。
- 停止：调用函数 stopService(Intent intent)来停止 Service，这时 Service 会调用自身的 onDestory()方法退出服务。

（2）Activity 与服务组件使用绑定的方式进行连接，也称为 bound 方式（绑定方式）。

通过调用 bindService()来启动。Activity 与服务组件连接成功后，Activity 可以通过服务接口与服务组件进行通信。这种方式中，调用者与服务绑定在一起，调用者一旦退出，服务也就终止。

调用者与服务通过调用 bindService(Intent service, ServiceConnection conn, int flags)函数来绑定一个 Service，这时服务（Service）会调用自身的 onCreate()方法（该 Service 未创建），接着调用 onBind()方法返回客户端一个 IBinder 接口对象（注意：如果返回 null，ServiceConnection 对象的方法将不会被调用）。

函数 bindService()参数说明：

- service：指 Intent 对象。
- conn：指 ServiceConnection 对象，实现 onServiceConnected()和 onServiceDisconnected()在连接成功和断开连接时处理。
- flags：Service 创建的方式，一般用 Service.BIND_AUTO_CREATE 表示绑定时自动创建。

图 8-2 描述了服务组件的两种使用方式。

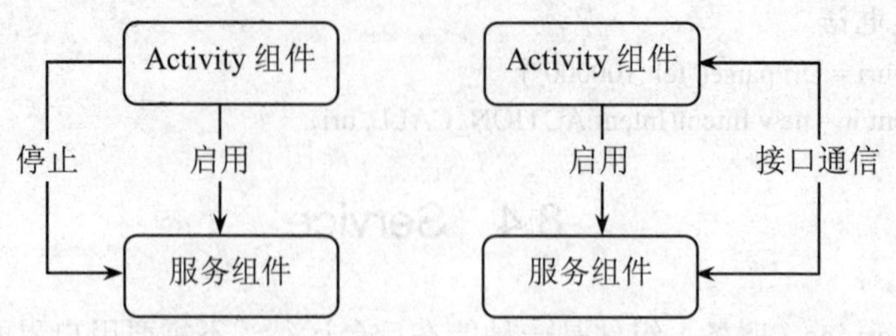

图 8-2

在 manifest 文件里面声明 Service，要想使用 Service，需要在 manifest 文件里面声明 Service，比如：

```
<manifest ... >
<application ... >
<service android:name=".ExampleService" />
</application>
</manifest>
```

8.4.1 Service 生命周期

Service 与 Activity 一样，也有一个从启动到销毁的过程。但是 Service 的生命周期并不像 Activity 那么复杂，它只继承了 onCreate()、onStart()、onDestroy()三个方法 Service 的生命周期过程，只有 3 个阶段：

（1）创建服务：创建服务使用 onCreate()方法，该方法在整个周期中只调用一次，无论在一个周期中调用多少次 startservice()或 bindservice()。

（2）开始服务：使用 onStart()开始服务。该方法在服务开始时调用，可以被调用多次。

（3）销毁服务：使用 onDestroy()方法销毁服务。该方法在服务被终止时调用，整个生命周期中只调用一次。

因为调用服务（Service）有两种方式，它们的生命周期就有一些区别。

1. StartService()方式的生命周期

当使用 context.startService() 启动一个 Service 时，会经历下面的流程：

context.startService() -> onCreate() -> onStart() -> Service running -> context.stopService() -> onDestroy() -> Service stop

所以调用 startService()的生命周期是：onCreate -> onStart（可多次调用）-> onDestroy。这是一个完整的生命周期。

当第一次启动 Service 时，先后调用 onCreate()、onStart()这两个方法；当停止 Service 时，则执行 onDestroy()方法。

这里需要注意的是，如果 Service 已经启动了，当我们再次启动 Service 时，不会在执行 onCreate() 方法，而是直接执行 onStart() 方法。可以通过 Service.stopSelf() 方法或者 Service.stopSelfResult()方法来停止自己，只要调用一次 stopService()方法便可以停止服务，无论调用了多少次的启动服务方法。

2. bindService()方式的生命周期

如果是通过绑定（bindService()）方法启动服务，则生命周期为：onCreate()-> onBind()-> onUnBind()-> onDestroy()。同样也以 onCreate()开始，先进行绑定，服务执行，结束时，先结束服务绑定，再销毁服务。

8.4.2 创建服务过程

在 Android 系统平台中定义了一个类 service，Service 类中定义了一系列的生命周期相关的方法，如：onCreate()，onStart()，onDestroy()。所有其他的 service 类都继承该类。

创建和开启一个服务需要如下步骤：

（1）编写一个服务类，该类必须从 android.app.Service 类继承。Service 类涉及 3 个生命周期方法，但这 3 个方法并不一定在子类中覆盖，编程人员可根据不同需求来决定使用哪些生命周期方法。下面是编写的一个服务类：

```
package com.serviceDemo.service;
import android.app.Service;
import android.content.Intent;
import android.os.IBinder;
import android.util.Log;

//MyService 是一个服务类，该类必须从 android.app.Service 类继承
public class MyService extends Service
{
    @Override
    public IBinder onBind(Intent intent)
    {
        return null;
    }
    //当服务第 1 次创建时调用该方法
    @Override
    public void onCreate()   //创建服务
    {
        Log.d("MyService", "onCreate");
        super.onCreate();
    }
    //当服务销毁时调用该方法
    @Override
    public void onDestroy()   //销毁服务
    {
        Log.d("MyService", "onDestroy");
        super.onDestroy();
    }
    //当开始服务时调用该方法
    @Override
    public void onStart(Intent intent, int startId)   //开始服务
    {
```

```
            Log.d("MyService", "onStart");
            super.onStart(intent, startId);
        }
    }
```

在上面的 Myservice 服务程序中，覆盖了 Service 类中 3 个生命周期方法，并在这些方法中输出了相应的日志信息。

（2）在 AndroidManifest.xml 文件中使用<service>标签来配置服务，一般需要将<service>标签的 android:enabled 属性值设为 true，并使用 android:name 属性指定在第 1 步建立的服务类名。在 AndroidManifest.xml 文件的<application>标签中添加如下代码：

```
<service android:enabled="true"    android:name=".MyService" />
```

（3）如果要开始一个服务，可以显示使用 startService 方法，停止一个服务要显示使用 stopService 方法。例如在按钮的单击事件中增加以下代码：

```
public void onClick(View view)
serviceIntent = new Intent(this, MyService.class);

{
    switch (view.getId())
    {
        case R.id.btnStartService:
            startService(serviceIntent); //单击 Start Service 按钮启动服务
            break;
        case R.id.btnStopService:
            stopService(serviceIntent); //单击 Stop Service 按钮停止服务
            break;
    }
}
```

当要绑定 Activity 和一个 Service 时，可以按照以下步骤进行：

（1）实现 ServiceConnection。

在实现 ServiceConnectio 方法时，需要重写两个回调方法 onServiceConnected()和 OnServiceDisconnected()。

onServiceConnected()方法：系统调用这个来传送在 Service 的 onBind()中返回的 IBinder。在 Java 代码中重写 onServiceConnected()方法：

```
private MyService myService;
private ServiceConnection serviceConnection = new ServiceConnection()
    @Override
    public void onServiceConnected(ComponentName name, IBinder service)
    {
        //  获得 MyService 对象
        myService = ((MyService.MyBinder) service).getService();
```

（2）调用 bindService()，ServiceConnection 的实现。

```
Intent intent = new Intent(this, LocalService.class);
bindService(service Intent, serviceConnection conn, int flag);
```

- 第 1 个参数是一个明确指定了要绑定的 Service 的 Intent 对象。

- 第 2 个参数是 ServiceConnection 对象，负责连接 Intent 指定的服务，通过 ServiceConnection 对象可以获得连接成功或失败，成功后可以连接到对象。
- 第 3 个参数是一个标志，它表明绑定中的操作．它一般应是 BIND_AUTO_CREATE，这样就会在 Service 不存在时创建一个。

（3）当系统调用 onServiceConnected()方法时，使用接口定义的方法开始调用 Service。

（4）调用 unbindService()与 Service 断开连接。

当客户端被销毁后，它将与 Service 解除绑定。

【例 2】利用后台服务调用播放音乐。布局两个按钮，一个开始播放音乐，一个结束音乐。

（1）创建服务 MyserviceDemo.java 文件内容。

```
package com.android.MyserviceDemo;

import android.app.Service;
import android.content.Intent;
import android.media.MediaPlayer;
import android.os.IBinder;
import android.util.Log;
import android.widget.Toast;

public class MyService extends Service {
    MediaPlayer player; //实例化一个音乐播放对象

    @Override
    public IBinder onBind(Intent intent) {
        return null;
    }

    @Override
    public void onCreate() { //创建服务函数内容
        player = MediaPlayer.create(this, R.raw.braincandy);
        player.setLooping(false);   //创建播放器
    }

    @Override
    public void onDestroy() {   //结束服务函数内容
        player.stop();
    }

    @Override
    public void onStart(Intent intent, int startid) {   //开始服务过程
        player.start();
    }
}
```

（2）main.xml 布局文件代码。

```
<?xml version="1.0" encoding="utf-8"?>
```

```
<LinearLayout
xmlns:android=http://schemas.android.com/apk/res/android
    android:orientation="vertical"
    android:layout_width="fill_parent"
    android:layout_height="fill_parent"
    android:gravity="center">

<Button
    android:layout_width="wrap_content"
    android:layout_height="wrap_content"
    android:id="@+id/buttonStart"
    android:text="start">
</Button>
    <Button
        android:layout_width="wrap_content"
        android:layout_height="wrap_content"
        android:text="stop"
        android:id="@+id/buttonStop">
     </Button>
</LinearLayout>
```

（3）主程序调用服务。

```
package com.android.serviceDemo;

import android.app.Activity;
import android.content.Intent;
import android.os.Bundle;
import android.util.Log;
import android.view.View;
import android.view.View.OnClickListener;
import android.widget.Button;

public class ServiceDemo extends Activity implements OnClickListener {
        Button buttonStart, buttonStop;

    @Override
    public void onCreate(Bundle savedInstanceState) {
        super.onCreate(savedInstanceState);
        setContentView(R.layout.main);

        buttonStart = (Button) findViewById(R.id.buttonStart);
        buttonStop = (Button) findViewById(R.id.buttonStop);

        buttonStart.setOnClickListener(this); //事件监听
        buttonStop.setOnClickListener(this); //事件监听
    }
```

```
public void onClick(View src) {
        switch (src.getId()) {
            case R.id.buttonStart: //点击开始按钮
            //调用函数 startServic 开始服务
                startService(new Intent(this, MyService.class));
                break;
            case R.id.buttonStop://点击关闭按钮
            //调用 stopService 关闭服务
                stopService(new Intent(this, MyService.class));
                break;
        }
    }
}
```

（4）注意，使用系统服务需要在 manifest.xml 文件中注册，添加使用权限。

```
<?xml version="1.0" encoding="utf-8"?>

<manifest
xmlns:android="http://schemas.android.com/apk/res/android"
        package=" com.android.serviceDemo ">
        <application
            <activity
              android:name=".ServiceDemo"
              <intent-filter>
            <action android:name="android.intent.action.MAIN"/>
            <category android:name="android.intent.category.LAUNCHER"/>
                </intent-filter>
            </activity>
            <service
        android:enabled="true"
        android:name=".MyserviceDemo "
/>
        </application>
    </manifest>
```

8.5　广播接收器 BroadcastReceiver

在 Android 中，Broadcast 是一种广泛运用在应用程序之间传输消息的机制，它接收广播并作出反应。这里的消息本身是一个 Android 广播 Intent 消息，广播消息可以被多个接收程序接收。

在 Android 里面有各种各样的广播，比如电池的使用状态、电话的接收和短信的接收都会产生一个广播。

BroadcastReceiver 广播接收器接收广播，当我们通过 Intent 来启动一个组件，或者使用 sendBroadcast()方法发起一个系统级别的事件广播来传递消息时，在应用程序中可以利用 Broadcast Receiver 来监听和响应广播的 Intent。

事件的广播通过创建 Intent 对象并调用 sendBroadcast()方法将发出事件广播，同时事件的接受是通过定义一个继承 BroadcastReceiver 的类来实现的，继承该类后重写其 onReceive()方法，在该方法中响应该事件。

在使用广播接收器时，必须使用到 Intent 过滤器，用来指定接收怎样的广播。在广播中常用的 Intent 常量见表 8.3。

表 8.3　Intent 中常见的广播常量

ACTION_BOOT_COMPLETED	系统启动完成
ACTION_CAMERA_BUTTON	相机按钮开启或关闭
ACTION_BATTERY_LOW	电池电量低
ACTION_DATE_CHANGED	日期改变
ACTION_MEDIA_BUTTON	按下多媒体键
ACTION_MEDIA_MOUNTED	插入外部媒体
ACTION_SCREEN_OFF	屏幕关闭
ACTION_TIMEZONE_CHANGED	时区改变

要创建一个广播接收器，需要获得一个广播接收器实例，并重写其 onReceive()方法，同时使用 Intent 来获得广播发出的具体消息内容。

广播接收器（BroadcastReceiver）：用于接收广播。

意图内容（Intent）：用于保存广播相关信息的媒介。

BroadcastReceiver 是对发出来的 Broadcast 进行过滤接受并响应的组件。

使用广播接收器需要以下几个步骤：

- 新建广播接收器接收内容的 Intent 过滤器。实例代码：IntentFilter filter = new IntentFilte();
- 新建一个广播接收器 Broadcast receiver。实例代码：MyReceiver r = new Receiver();
- 注册广播接收器 Broadcast receiver。实例代码：registerReceiver(r,filter);
- 注销广播接收器 Broadcast receiver。实例代码：unregisterReceiver(r);

下面详细解释使用步骤：

（1）建立 IntentFilter。

把要发送的信息和用于过滤的信息（如 Action、Category）装入一个 Intent 对象，然后通过调用 Context.sendBroadcast()、sendOrderBroadcast()或 sendStickyBroadcast()方法，把 Intent 对象以广播方式发送出去。当 Intent 发送以后，所有已经注册的 BroadcastReceiver 会检查注册时的 IntentFilter 是否与发送的 Intent 相匹配，若匹配则就会调用 BroadcastReceiver 的 onReceive()方法。所以当我们定义一个 BroadcastReceiver 的时候，都需要实现 onReceive()方法。实例代码如下：

（2）新建广播接收器，并重写 onReceive 方法。

新建一个广播接收器，需要继承 android.content.BroadcastReceiver，并实现其 onReceive 方法。如新建一个 MyReceiver 的广播接收器，代码如下：

```
public class MyReceiver extends BroadcastReceiver {
    private static final String TAG = "MyReceiver";
```

```
        @Override
        public void onReceive(Context context, Intent intent) {
            String msg = intent.getStringExtra("msg");
            Log.i(TAG, msg);
        }
    }
```

（3）注册广播接收器并发送。

注册 BroadcastReceiver 有两种方式：

静态注册：静态注册是在 AndroidManifest.xml 中用标签生命注册，并在标签内用标签设置过滤器。例如为 MyReceiver 接收器注册，代码如下：

```
<receiver android:name="MyReciever">
<intent-filter>
    <action android:name="android.intent.action.MY_BROADCAST"/>
    <category android:name="android.intent.category.DEFAULT" />
</intent-filter>
</receiver>
```

当完成上述配置后，只要是 android.intent.action.MY_BROADCAST 这个地址的广播，MyReceiver 都能够接收得到。

另一种方式是动态注册：动态注册是在代码中先定义并设置好一个 IntentFilter 对象，然后在需要注册的地方调 Context.registerReceiver()方法，如果取消时就调用 Context.unregisterReceiver()方法。

实例代码如下：

```
MyReceiver receiver = new MyReceiver();
IntentFilter intentFilter = new IntentFilter();
intentFilter.addAction(String);
 registerReceiver(receiver,intentFilter);
```

参数 String 是为 BroadcastReceiver 指定 action，使之用于接收同 action 的广播。

（4）注销广播。

```
unregisterReceiver(mReceiver);
```

【例 3】Activity 上增加一个按钮，监控拨打电话事件。

（1）在 manifest.xml 注册广播接收器并加上允许使用权限。

```
<receiver
android:name=".MyReceiver">
//定义消息过滤，只要是来自 android.intent.action.PHONE_STATE 的广播，广播接收器 MyReceiver 都能收到
        <intent-filter>
          <action android:name="android.intent.action.PHONE_STATE"/>
        </intent-filter>
</receiver>
<uses-permission
android:name="android.permission.READ_PHONE_STATE">
</uses-permission>
```

（2）main.xml 布局文件中增加一个按钮控件。

```
<?xml version="1.0" encoding="utf-8"?>
<LinearLayout    xmlns:android="http://schemas.android.com/apk/res/android"
    android:orientation="vertical"
    android:layout_width="fill_parent"
    android:layout_height="fill_parent"
    >
<Button android:id="@+id/button"
        android:layout_width="fill_parent"
        android:layout_height="wrap_content"
        android:text="启动 BroadcastReceiver"/>

</LinearLayout>
```

（3）重写按钮监听程序，Java 代码如下：

```
package com.broadcast.activity;
import android.app.Activity;
import android.os.Bundle;
import android.view.View;
import android.widget.Button;

public class MainActivity extends Activity {
    @Override
    public void onCreate(Bundle savedInstanceState) {
        super.onCreate(savedInstanceState);
        setContentView(R.layout.main);

        Button button = (Button) findViewById(R.id.button);
        View.OnClickListener listener = new View.OnClickListener() {

                @Override
                public void onClick(View v) {
              Intent intent = new Intent();
             intent.setAction(PHONE_CALL);    //设置消息类型
             intent.putExtra("msg", "开始拨打电话！");
              sendBroadcast(intent);    //发送广播
                }
            };

            button.setOnClickListener(listener);

    }
}
```

（4）定义广播接收器。代码实例如下：

```
package com.broadcast.activity;

import android.content.BroadcastReceiver;
```

```
import android.content.Context;
import android.content.Intent;

public class MyReceiver extends BroadcastReceiver {
        @Override
//收到广播后，根据消息类型重写 onReceive 函数
        public void onReceive(Context context, Intent intent) {
                Intent intentTemp = new Intent(context, MainActivity.class);
                //必须为这个 Intent 设置一个 Flag
                intentTemp.setFlags(Intent.FLAG_ACTIVITY_NEW_TASK);
                context.startActivity(intentTemp);
        }
}
```

本章小结

本章主要讲解 Android 系统中重要的组件内容，Android 平台的组件的 Activity 在前面章节单独讲解了，另外的 ContentProvider 内容再后面讲解。Service 和 Broadcast Receiver 的内容在本章进行了讲解，其中还引入了 Intent 的内容，Intent 作为组件之间的消息传递使者在应用中起着重要的信使作用。

习题 8

1．简述 Intent 与 Intent 过滤器的定义与作用。

2．简述 Service 的基本原理和用途。

3．简述 Broadcast Receiver 定义与使用方法。

4．某个组件的 filter 内容如下：

```
<intent-filter android:label="@string/resolve_edit">
    <action android:name="android.intent.action.VIEW" />
    <action android:name="android.intent.action.EDIT" />
    <category android:name="android.intent.category.DEFAULT" />
    <data android:mimeType="vnd.android.cursor.item/vnd.google.note" />
</intent-filter>
```

则以下哪些 Intent 能通过匹配：

1．{action=android.intent.action.INSERT}

2．{action=android.intent.action.VIEW category=android.intent.category.ALTERNATIVE}

3．{action=android.intent.action.VIEW data=content://com.google.provider.NotePad/notes/{ID}}

{action=android.intent.action.VIEW data=smsto:15800000000}

第 9 章　数据存储

- 掌握 Android 的各种数据存储特点及操作。
- 了解 SQLite 数据库特点。
- SQLiteDatabase 的建立与操作方法。
- ContenProvider 概念及使用。
- 掌握 ContenProvider 的创建与使用方法。

9.1　Android 平台数据存储简介

程序是数据输入、处理、输出的过程，任何程序都必须与数据的处理打交道，有些数据由于数据量很大，内存的容量有限和不能长期保存数据，因此，一般数据都是以文件的形式保存在大容量的磁盘上。

在移动手机这些设备上，也经常存在一些文件数据，例如音频文件、视频文件图片文件以及通讯录等。Android 平台为这些数据的访问也提供了几种数据访问方式。

Android 中提供了 5 种方式存储数据：

（1）使用 SharedPreferences 共享偏好存储数据。

（2）文件存储数据。

（3）SQLite 数据库存储数据。

（4）使用 ContentProvider 存储数据。

（5）网络存储数据。

其中 ContentProvider 主要用于实现数据共享。

9.2　SharedPreferences 存储数据

SharedPreferences 是 Android 平台上一个轻量级的存储类，通过 SharedPreferences 可以将（名称/值）保存在文件中，它提供了 Android 平台常规的 Long（长整型）、Int（整型）、String（字符串型）的保存。

SharedPreferences 存储方式是 Android 提供的用来存储一些简单配置信息的一种机制，例如：登录用户的用户名与密码。其采用了 Map 数据结构来存储数据，基于 XML 文件存储 key-value（名称/值）键值对应的数据方式存储，可以简单地读取与写入。SharedPreferences 类似过去 Windows 系统上的 ini 配置文件，但是它分为多种权限，可以全局共享访问。其存储位置在/data/data/<包名>/shared_prefs 目录下。

SharedPreferences 对象本身只能获取数据而不支持存储和修改，存储修改是通过 Editor 对象的 edit()方法实现。

SharedPreferences 接口常用的方法如表 9.1 所示。

表 9.1　SharedPreferences 接口常用的方法

方法	描述
SharedPreferences.Editor()	修改对象设定值
public abstract boolean contains (String key)	判断文件是否存在，key 是 xml 文件名
public abstract SharedPreferences.Editor edit ()	针对 preferences 创建一个新的 Editor 对象，使其处于可编辑状态，但必须执行 commit()方法
public abstract boolean getBoolean (String key, boolean defValue)	从 key 中获取一个 boolean 类型的值，并指定默认值
public abstract float getFloat (String key, float defValue)	从 key 中获取一个 float 类型的值，并指定默认值
public abstract int getInt (String key, int defValue)	从 key 中获取一个 int 类型的值，并指定默认值
public abstract long getLong (String key, long defValue)	从 key 中获取一个 long 类型的值，并指定默认值
public abstract String getString (String key, String defValue)	从 key 中获取一个 string 类型的值，并指定默认值

SharedPreferences 支持三种访问模式：

- 私有模式（MODE_PRIVATE）：仅有创建程序有权对其进行读/写操作。
- 全局读（MODE_WORLD_READABLE）：除了创建程序可以对其进行读/写操作外，其他应用程序也有读取的权利，但没有写入的权利。
- 全局写（MODE_WORLD_WRITEABLE）：创建程序与其他程序对其有些的权利，但没有读取的权利。

在使用 SharedPreferences 前，应该先定义 SharedPreferences 的访问模式。如将访问模式设置为私有模式的代码：

```
Public static MODE= MODE_PRIVATE
```

实现 SharedPreferences 存储的步骤如下：

（1）根据 Context 获取 SharedPreferences 对象

（2）利用 edit()方法获取 Editor 对象。

（3）通过 Editor 对象存储 key-value 键值对数据。

（4）通过 commit()方法提交数据。

【例 1】实现保存用户登录密码的功能。

（1）布局文件内容：

```
<?xml version="1.0" encoding="utf-8"?>
<LinearLayout
```

```
xmlns:android=http://schemas.android.com/apk/res/android
        android:id="@+id/MyDemo"
       android:orientation="horizonal"
       android:layout_width="fill_parent"
       android:layout_height="fill_parent"
       >
       <TextView
            android:id="@+id/text01"
            android:layout_width="wrap_parent"
            android:layout_height="wrap_content"
            android:text="Hello SharedPreference"
       />
```

（2）Activity Java 文件内容：

```
package gov.com.PreferenceDemo;

import android.app.Activity;
import android.content.SharedPreferences;
import android.os.Bundle;
import android.widget.EditText;

public class Activity01 extends Activity {
    EditText textPre;              //定义文本编辑对象
    SharedPreferences sp;       //定义 SharedPreferences 对象
    public final String EDIT_TEXT_KEY = "EDIT_TEXT";//定义 Preferences 文件中的键
        @Override
    public void onCreate(Bundle savedInstanceState) {
        super.onCreate(savedInstanceState);
        setContentView(R.layout.main);
        textPre = (EditText)findViewById(R.id.text01);
        sp = getPreferences(MODE_PRIVATE); //定义访问模式为私有
        String result = sp.getString(EDIT_TEXT_KEY, null);//获得一个 string 值
        if (result != null) {
                        textPre.setText(result);
                 }
    }

        @Override
        protected void onDestroy() {

        SharedPreferences.Editor editor = sp.edit();//获得 SharedPreferences 的 Editor 对象

        editor.putString(EDIT_TEXT_KEY, String.valueOf(etPre.getText()));//修改数据
                editor.commit(); //保存数据
                super.onDestroy();

        }
}
```

效果如图 9-1 所示。

图 9-1

当我们在文本框中输入数字 123456789 后，单击 Back 按钮退出当前活动，当再次进入应用程序时会发现我们输入的数字仍然存在文本框中，如图 9-2 所示。

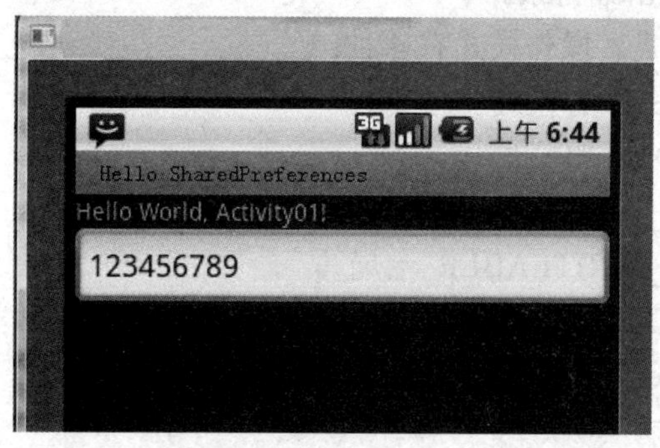

图 9-2

9.3 文件存储

Android 系统使用的是基于 Linux 的文件系统，因此程序开发人员可以像使用 Linux 文件系统一样建立和访问程序自身的文件以及保存在资源目录中的原始文件和 XML 文件，还可以在 SD 卡等外部存储设备上保存文件。例如：文本文件、PDF 文件、音频视频文件和图片文件等，Android 提供了对文件读写的方法。

Android 系统中，关于文件存储提供了两种方式：内部存储与外部存储。

（1）内部存储：Android 系统允许应用程序创建仅能自身访问的私有文件，文件保存在设备的内部存储器上。利用 Activity 提供的 openFileOutput()方法可以用于把数据输出到文件中。其中文件可用来存放大量数据，如文本、图片、音频等。默认位置：/data/data/<包>/files/***.***。在这中方式下，主要用到两个函数 openFileOutput()与 openFileInput()。

（2）外部存储：Android 的外部存储设备指 SD 卡（Secure DigitalMemory Card），是一种广泛使用在数码设备上的存储卡。支持标准 Java 的 IO 类，也提供了简化读写流式文件过程的函数。这一类操作的文件可以在任意路径上，但是必须为操作授权。

通过 Android 提供 openFileOutput()方法可以获得标准的文件输出流（FileOutputStream）；通过 openFileInput()方法获得标准的文件输入流（FileInputStream）；使用 Resources.openRawResource（R.raw.myDataFile）方法返回 InputStream。

9.3.1 内部文件存储

Android 文件存储有内部文件存储，Android 系统允许应用程序创建仅能够自身访问的私有文件，文件保存在设备的内部存储器上，存储在默认位置/data/data/<package name>/files 目录中。内部存储主要有两个函数：openFileOutput()与 openFileInput()。

1．openFileOutput()函数

openFileOutput()函数是为将数据写入到私有文件做准备，如果指定的文件不存在，则创建一个新的文件。

openFileOutput()的语法格式如下：

```
public FileOutputStream openFileOutput(String name,int mode)
```

第 1 个参数是文件名称，这个参数不可以有包含路径的斜杠。创建的文件保存在/data/data/<package name>/files 目录。

第 2 个参数是操作模式。操作模式有 4 种：

- MODE_PRIVATE 私有模式
- MODE_APPEND 追加模式
- MODE_WORLD_READABLE 全局读
- MODE_WORLD_WRITEABLE 全局写

函数的返回值是 FileOutputStream 类型。

【例 2】使用 openFileOutput()建立新文件的代码如下：

```
String FILE_NAME= " MyDemo.txt " ;          //建立文件名称
FileOutputStream Myfile= openFileOutput(FILE_NAME,Context.MODE_PRIVATE);
                                            //调用函数以私有模式建立文件
String text="test data";                    //要写入的数据
Myfile.write(text.getBytes());              //调用 write()函数将数据写入文件
Myfile.flush();                             //把缓冲区的剩余数据写入文件
Myfile.close();                             //关闭 FileOutputStream
```

注意：因为调用 write()函数时，如果写入的数据量较小，系统会把数据保存在数据缓冲区中，等数据量累积到一定程度时再一次性地写入文件中。因此在调用 close()函数关闭文件前，务必要调用 flush()函数，将缓冲区内所有的数据写入文件。

2．openFileInput()函数

openFileInput()函数为读取数据做准备而打开应用程序私有文件，openFileInput()语法格式如下：

```
public FileInputStream openFileInput(String name)。
```

其中参数是指文件名称，同样不允许有斜杠出现。使用 openFileInput()函数打开已有文件代码：

```
String text="test data";
FileInputStream Myfile= openFileInput(FILE_NAME);
Byte[]readByte=new byte[Myfile.available()]; //定义接收数据
While(Myfile.read(readBytes)!=-1){ }  //开始处理读文件内容
```

【例 3】在内部存储器上进行文件写入和读取。

在 main.xml 文件中增加两个按钮和一个文本编辑框，分别是写入文件按钮与读取文件按钮，文本编辑框用于用户输入文字后，获取文字写入文件。

Java 文件代码（只列出写入文件按钮的代码）：

```
OnClickListener writeButtonListener = new OnClickListener() {
        @Override
        public void onClick(View v) { //定义单击按钮事件处理过程
                FileOutputStream fos = null;
                try { //文件存在时打开文件，不存在时新建文件
                        if (appendBox.isChecked()){
                                fos = openFileOutput(FILE_NAME,Context.MODE_APPEND);
                                        }
                          else {
                                fos = openFileOutput(FILE_NAME,Context.MODE_PRIVATE);
                        }
                String text = entryText.getText().toString();
                fos.write(text.getBytes()); //写入获得的字串
                labelView.setText("文件写入成功，写入长度："+text.length());
                entryText.setText("");

                finally{
                        if (fos != null){
                                try {
                                        fos.flush(); //把缓冲区中的数据写入文件
                                        fos.close(); //关闭文件
                                }
                        }
                )
        }
};
```

其效果如图 9-3 所示。

图 9-3

在程序结束后，可以文件目录中找到相应的文件。

9.3.2　外部文件存储

Android 的外部存储设备指的是 SD 卡（Secure Digital Memory Card），是一种广泛使用于数码设备上的记忆卡，虽然不是所有的移动设备都有 SD 卡，但是 Android 系统本身却提供了对 SD 卡上的文件的访问方式。

SD 卡使用的是 FAT（File Allocation Table）文件系统，不支持访问模式和权限控制，但可

以通过 Linux 文件系统的文件访问权限的控制保证文件的私密性。Android 模拟器支持 SD 卡，但模拟器中没有缺省的 SD 卡，开发人员须在模拟器中手工添加 SD 卡的映像文件。使用 <Android SDK>/tools 目录下的 mksdcard 工具创建 SD 卡映像文件，命令如下：

```
mksdcard -l SDCARD 256 E:\android\sdcard_file
```

其中：

- 参数-l 表示后面的字符串是 SD 卡的标签，这个新建立的 SD 卡的标签是 SDCARD。
- 参数 256 表示 SD 卡的容量是 256M。
- 最后一个参数表示 SD 卡映像文件的保存位置，上面的命令将映像保存在 E:\android 目录下 sdcard_file 文件中。在 CMD 中执行该命令后，则可在所指定的目录中找到生产的 SD 卡映像文件。

使用 SD 存储文件，还需要在 Android 模拟器中运行 SD 卡加载命令，在加载命令中只需指定映像文件位置，然后可以变成访问 SD 卡中的文件，程序文件与内部文件访问内容相似，不过需要增加检查 SD 卡是否存在的判断。

9.4 SQLite 数据库存储

SQLite 是轻量级的、嵌入式的关系型数据库，SQLite 有一个嵌入式数据库引擎，针对内存等资源有限的设备（如手机、PDA、MP3）提供高效的数据库引擎。SQLite 数据库不像其他的数据库（如 Oracle），它没有服务器进程。它所有的内容都包含在同一个单文件中。该文件是跨平台的，可以自由复制。

SQLite 由以下几个组件组成：SQL 编译器、内核、后端以及附件。

SQLite 的特性：

（1）ACID 事务（Add，Create、Insert、Delete 操作）。

（2）零配置。无需安装和管理配置。

（3）储存在单一磁盘文件中的一个完整的数据库。

（4）数据库文件可以在不同字节顺序的机器间自由的共享。

（5）支持数据库大小至 2TB。

（6）足够小，大致 3 万行 C 代码，250K。

（7）比一些流行的数据库在大部分普通数据库操作要快。

（8）简单、轻松的 API。

（9）良好注释的源代码，并且有 90%以上的测试覆盖率。

（10）独立，没有额外依赖。

（11）Source 完全的 Open，可以用于任何用途，包括出售它。

（12）支持多种开发语言，如 C，PHP，Perl，Java，ASP.NET，Python 等。

基于 SQLite 自身的优势，SQLite 在嵌入式领域得到广泛应用，目前已经在 iPhone、Android 等手机系统中大量使用。Android 中提供了一个名为 SQLiteDatabase 的类，该类代表一个数据库对象，提供了操作数据库的一些方法。其中 execSQL()和 rawQuery()方法可以完成对数据库中数据的添加（Create）、查询（Retrieve）、更新（Update）和删除（Delete）操作以及执行 Select 语句等。

Android 开发中使用 SQLite 数据库。Activites 可以通过 Content Provider 或者 Service 访问一个数据库。数据库一般存储在 data/<项目文件夹>/databases/ 中。在 Android 中提供了许多 API 工程序员使用 SQLite。在 Android 中使用 SQLite 必须自己手动创建数据库，然后开始数据库的其他工作，比如创建表、索引，输入数据等。Android 不会自动提供数据库。

9.4.1　SQLite 类

1. 数据库操作类 SQLiteDatabase

SQLiteDatabase 类（public class SQLiteDatabase extends SQLiteClosable）封装了一些操作数据库的 API，使用该类可以完成对数据进行添加（Create）、查询（Retrieve）、更新（Update）和删除（Delete）操作（这些操作简称为 CRUD）。在 Android 操作系统上开发程序时，常常不要创建 SQLiteDatabase 类对象，一般会用到一个辅助工具类 SQLiteOpenHelper 进行操作管理。

2. 数据库操作辅助类 SQLiteOpenHelper

SQLiteOpenHelper 类（public abstract class SQLiteOpenHelper）用来实现创建、打开和升级数据库的最佳实践模式。

Android 不自动提供数据库。在 Android 应用程序中使用 SQLite，必须自己创建数据库，然后创建表、索引，填充数据。Android 提供了 SQLiteOpenHelper 帮助你创建一个数据库，你只要继承 SQLiteOpenHelper 类，就可以轻松的创建数据库。SQLiteOpenHelper 类根据开发应用程序的需要，封装了创建和更新数据库使用的逻辑。

方法名描述：

- 构造函数，调用父类 SQLiteOpenHelper 的构造函数。SQLiteOpenHelper(Context context,String name,SQLiteDatabase.CursorFactory factory,int version)构造方法，一般是传递一个要创建的数据库名称参数。这个方法需要四个参数：上下文环境（例如，一个 Activity）、数据库名字、一个可选的游标工厂（通常是 Null）和一个代表你正在使用的数据库模型版本的整数。
- onCreate()方法，它需要一个 SQLiteDatabase 对象作为参数，根据需要对这个对象填充表和初始化数据。
- onUpgrade()方法，它需要三个参数：一个 SQLiteDatabase 对象、一个旧的版本号和一个新的版本号，这样你就可以清楚如何把一个数据库从旧的模型转变到新的模型。
- getReadableDatabase 创建或打开一个只读数据库。
- getWritableDatabase 创建或打开一个读写数据库。

当你完成了对数据库的操作（例如你的 Activity 已经关闭），需要调用 SQLiteDatabase 的 Close()方法来释放掉数据库连接。

3. Cursor 类

Android 使用 Cursor 类返回一个需要的值，Cursor 作为一个指针从数据库查询返回结果集，使用 Cursor 允许 Android 更有效地管理它们需要的行和列，你使用 ContentValues 对象存储键/值对，它的 put()方法允许你插入不同数据类型的键值。

9.4.2　创建 SQLite 数据库

创建一个新的 SQLite 数据库，可以通过手工创建和代码创建。

1. 手工创建

使用 SQLite3 工具，通过手工输入 SQL 命令行完成数据库的创建，SQLite3 工具已经被集成在 Android 系统中，用户需要在 Linux 命令行中输入 SQLite3 可启动 SQLite3 工具。手工启动 SQLite 的方法如下：

①在命令输入行中输入 adb shell

②#sqlite3

显示 SQLite version

③Sqlite>

输入 help 命令可以得到命令帮助

④Sqlite>.exit

退出

Android 系统中原则上应用程序的数据库都保存在各自的/data/data/<package name>/databases 目录下，但如果使用手工方式建立数据库，则必须手工建立数据库目录。

创建名为 people 的数据库，在文件系统中将产生一个名为 people.db 的数据库文件：

```
# mkdir databases   //建立数据库目录
# sqlite3 people.db   //在目录下建立 people.db 的数据库文件
```

根据需要可以创建相应的数据库表，并使用数据库操作命令增加数据项等。使用命令行操作数据库，程序开发员需要对数据库的操作比较熟悉。

2. 代码创建

在编码中动态建立数据库是比较常用的。一般将所有对数据库的操作都封装在一个类中，因此只要调用这个类，就可以完成对数据库的添加、更新、删除和查询等操作。

Android 中提供了 SQLiteDatabase 类和 SQLiteOpenHelper 类。SQLiteDatabase 类中封装了许多方法，用于建立、删除数据库，执行 SQL 命令，对数据库进行管理。其中用到 DBAdapter 辅助类。

SQLiteOpenHelper 是 SQLiteDatabase 中的一个帮助类，用来辅助管理数据库的创建和版本的更新，一般是建立一个类继承它，并重写它的 onCreate()和 onUpgrade()方法。

在 onCreate()方法里可以生成数据库表结构，也能够添加一些应用程序中的将用到的初始化数据。onUpgrade()方法主要在数据库版本发生变化时使用。表 9.2 是 SQLiteOpenHelper 的常用方法。

表 9.2 SQLiteOpenHelper 的常用方法和说明

方法名	方法描述
SQLiteOpenHelper(Context context,String name, SQLiteDatabase.CursorFactory factory,int version)	构造方法，一般是传递一个要创建的数据库名称那么参数
onCreate(SQLiteDatabase db)	创建数据库时调用
onUpgrade(SQLiteDatabase db,int oldVersion , int newVersion)	版本更新时调用
getReadableDatabase()	创建或打开一个只读数据库
getWritableDatabase()	创建或打开一个读写数据库

【例 3】通过构造函数，创建一个数据库实例。

```
1.   package net.develop.Database;
2.   import android.content.ContentValues;
3.   import android.content.Context;
4.   import android.database.Cursor;
5.   import android.database.SQLException;
6.   import android.database.sqlite.SQLiteDatabase;
7.   import android.database.sqlite.SQLiteOpenHelper;
8.   import android.util.Log;

9.   public class DBAdapter {
10.          private static final String DB_NAME = "people.db";
11.          private static final String DB_TABLE = "peopleinfo";
12.          private static final int DB_VERSION = 1;
13.          public static final String KEY_ID = "_id";
14.          public static final String KEY_NAME = "name";
15.          public static final String KEY_AGE = "age";
16.          public static final String KEY_HEIGHT = "height";
17.  //10-16 行代码在 DBAdapter 类中首先声明了数据库的基本信息，包括数据库文件的名称、数
     据库表格名称和数据库版本，以及数据库表中的字段属性名称

18.          private SQLiteDatabase db;
19.          private final Context context;
20.          private DBOpenHelper dbOpenHelper;
21.          //18-20 行代码声明类对象
22.  private static class DBOpenHelper extends SQLiteOpenHelper {
23.  public DBOpenHelper(Context context, String name, CursorFactory factory, int version){
24.              super(context, name, factory, version);
25.              }
26.      private static final String DB_CREATE = "create table " +
27.              DB_TABLE + " (" + KEY_ID + " integer primary key autoincrement, " +
28.                          KEY_NAME+ " text not null, " + KEY_AGE+ " integer," +
                             KEY_HEIGHT + " float);";
29.
30.        @Override
31.          public void onCreate(SQLiteDatabase _db) {
32.                  db.execSQL(DB_CREATE);
33.                  }
34.        //32-34 行代码重写 onCreate()方法
35.
36.      @Override
37.          public void onUpgrade(SQLiteDatabase _db, int _oldVersion, int _newVersion) {
38.              _db.execSQL("DROP TABLE IF EXISTS " + DB_TABLE);
39.              onCreate(_db);
40.          }
```

```
41.  //38-42 代码行重写 onUpgrate()方法
42.  }
43.  }
44.  }
45.  //22-44 行代码定义内部静态类 DBOpenHelper，继承帮助类 SQLiteOpenHelper。在
     DBOpenHelper 中重写了 onCreate()方法和 nUpgrate()方法
46.        public DBAdapter(Context context) {
47.                context = context;
               dbOpenHelper = new DatabaseHelper(context);
48.        }
49.  //初始化类
50.        public void open() throws SQLiteException {
51.        dbOpenHelper1 = new DBOpenHelper(context, DB_NAME, null, DB_VERSION);
52.                try {
53.                  db = dbOpenHelper1.getWritableDatabase();
54.                }
55.                  catch (SQLiteException ex) {
56.                  db = dbOpenHelper1.getReadableDatabase();
57.                  }
58.        }
59.  //51-58 行代码定义 open()函数，用来打开数据库，调用 SQLiteOpenHelper 类的
     getWritableDatabase()函数和 getReadableDatabase()函数。这个两个函数会根据数据库是否存
     在、版本号和是否可写等情况，决定在返回数据库对象前，是否需要建立数据库
60.
61.    public void close() {
62.                 if (db != null){
63.                  db.close();
64.                  db = null;
65.                  }
66.        }
67.  //62-66 行代码定义数据库关闭函数
```

9.4.3 数据库操作

上面已经创建了一个数据库实例，使用该类可以完成对数据的添加（Create）、检索（Retrieve）、更新（Update）与删除操作（Delete）（简称 CRUD）。在数据库操作中 execSQL()方法与 rawQuery()方法是经常用到的。execSQL()方法可以执行 insert、delete、update 和 create table 之类的 SQL 语句，rawQuery()可以执行 select 语句。

1. 数据添加

数据库数据添加有以下两种方法：

（1）使用 insert 方法进行数据添加。

使用 insert 方法添加数据，首先要构造一个 ContentValues 对象，然后调用 ContentValues 对象中的 put()方法，将每个属性值写入 ContentValues 对象中，最后使用 SQLiteDatabase 对象的 insert()函数，将 ContentValues 对象中的数据写入到指定的数据库表中。

【例 5】数据添加操作代码示例。

使用 insert()方法代码如下：

```
DatabaseHelper database = new DatabaseHelper(view);//定义一个类实例
SQLiteDatabase db =  database.getReadalbeDatabase();
ContentValues cv = new ContentValues;//实例化一个 ContentValues 用来装载待插入的各个字段数据
cv.put("username","Jack Johnson");//添加用户名
cv.put("password","iLovePopMusic"); //添加密码
db.insert("user",null,cv);//执行插入操作
```

（2）使用 execSQL 方式来实现。

使用 execSQL 方式来实现的代码如下：

```
DatabaseHelper database = new DatabaseHelper(view);//定义一个类实例
SQLiteDatabase db =  database.getReadalbeDatabase();
String sql = "insert into peopleinfo(name,age，height) values ('Jack Johnson','20','160');
//插入操作的 SQL 语句
db.execSQL(sql);//执行 SQL 语句
```

2. 数据的删除

数据删除比较简单，只需要调用当前数据库的 delete()函数，并指明表名称和删除条件。同样有两种方式可以实现。

（1）使用 delete()方法进行删除。

```
String whereClause = "name=?";//删除的条件
String[] whereArgs = {"Jack Johnson"};//删除的条件参数
db.delete("peopleinfo",whereClause,whereArgs);//执行删除
```

（2）使用 execSQL 方式的实现。

```
String sql = "delete from peopleinfo where name='Jack Johnson'"; //删除操作的 SQL 语句
db.execSQL(sql);//执行删除操作
```

3. 数据修改

（1）使用 update()方法。

```
ContentValues cv = new ContentValues;//实例化 ContentValues
cv.put("age","18");//添加要更改的字段及内容
String whereClause = "name=?";  //修改条件
String[] whereArgs = {"Jack Johnson"}; //修改条件的参数
db.update("peopleinfo",cv,whereClause,whereArgs);//执行修改
```

（2）使用 execSQL 方式的实现。

```
String sql = "update [user] set age= '18'where username='Jack Johnson'";  //修改的 SQL 语句
2db.execSQL(sql);//执行修改
```

9.4.4 SQLite 数据库的查询

在 Android 系统中，数据库查询结果的返回值是结果集的指针，这个指针在 Android 中就是 Cursor 类。Cursor 类支持在查询的数据结果集合中以多种方式移动，获得所需的数据项。

Cursor 类的方法和说明如表 9.3 所示。

表 9.3 Cursor 类的方法和说明

函数	说明
moveToFirst	将指针移动到第一条数据上
moveToNext	将指针移动到下一条数据上

续表

函数	说明
moveToPrevious	将指针移动到上一条数据上
getCount	获取集合的数据数量
getColumnIndexOrThrow	返回指定属性名称的序号，如果属性不存在则产生异常
getColumnName	返回指定序号的属性名称
getColumnNames	返回属性名称的字符串数组
getColumnIndex	根据属性名称返回序号
moveToPosition	将指针移动到指定的数据上
getPosition	返回当前指针的位置

要进行数据查询，同时还需要调用 SQLiteDatabase 类的 query()函数，query()函数语法如下：

```
Cursor android.Database.sqlite.SQLiteDatabase.query(String table,String[]columns,String selection,String[]
selectionArgs,String groupBy,String having,String orderBy);
```

参数说明：

- String table：表名称。
- String[]columns：返回的属性列名称。
- String selection：查询条件。
- String[]selectionArgs：如果在查询条件中使用了问号，就需要定义替换符的具体内容。
- String groupBy：分组方式。
- String having：分组条件。
- String orderBy：排序方式。

SQLite 数据库查询提供两种方法从 SQLite 数据库检索数据。

（1）使用 rawQuery() 直接调用 SELECT 语句。

正如 API 名字，rawQuery() 是最简单的解决方法。通过这个方法你就可以调用 SQL SELECT 语句。使用 rawQuery() 方法构建一个查询，例如：

```
Cursor c=db.rawQuery(
        "SELECT name FROM sqlite_master WHERE type='table' AND name='mytable'", null);
```

在上面例子中，我们查询 SQLite 系统表（sqlite_master）检查 table 表是否存在。返回值是一个 Cursor 对象，这个对象的方法可以迭代查询结果。

rawQuery()方法用 SELECT 语句段构建查询。SELECT 语句内容作为 rawQuery()方法的第一个参数，返回值是游标类型。

（2）通过一般 Query 实现查询。

如果查询是动态的，使用 rawQuery()方法就会非常复杂。例如，当你需要查询的列在程序编译的时候不能确定，这时候一般使用 query()方法。

```
public Cursor query(String table, String[] columns, String selection, String[] selectionArgs, String
groupBy, String having, String orderBy, String limit)
```

比如：要查询的表名，要获取的字段名，WHERE 条件，包含可选的位置参数，去替代 WHERE 条件中位置参数的值，GROUP BY 条件，HAVING 条件，除了表名，其他参数可以是 null。

例如：

```
Cursor c=db.query("peopleinfo",null,null,null,null,null,null);//查询表 people 的全部数据条件设置，获得游标
if(c.moveToFirst){//判断游标是否为空
for(inti=0;i<c.getCount;i++){
c.move(i);//移动到指定记录
String username=c.getString(c.getColumnIndex("name");
String userage=c.getString(c.getColumnIndex("age"));
}
```

9.4.5 数据库事务处理

使用 SQLiteDatabase 的 beginTransaction()方法可以开启一个事物，通过 endTransaction()方法则检查事务的执行是否成功，成功就提交事务，不成功就回滚事务。当应用在执行过程中需要在执行 endTransaction()前提交事务时，可以使用 setTransaction()方法设置事务的标志位成功。下面是一个实例：

```
SQLiteDatabase db =database.getReadalbeDatabase();
db. beginTransaction();
try{                                //开始一个事务
    String sql = "insert into user(username,password) values ('Jack Johnson','iLovePopMuisc');
    //字符串赋值
    db.execSQL(sql);}//执行 SQL 语句
finally{
db. endTransaction();
}   //结束事务
db.close;
```

9.5 内容提供器 ContentProvider

Android 系统中所有数据都是私有的，怎样把数据与其他程序共享，Android 提供了内容提供器（ContentProvider）。内容提供器（ContentProvider）是在应用程序间共享数据的一种接口机制。ContentProvider 提供了更为高级的数据共享方法，一个应用程序可以指定需要共享的数据，而其他应用程序则可以在不知数据来源、路径的情况下对共享数据进行查询、添加、删除和更新等操作。许多 Android 系统的内置数据通过 ContentProvider 提供给用户使用，例如通讯录、音视频文件和图像文件等。

最简单地说，内容提供器就是内容提供者将私有的数据提供给其他使用者。许多 Android 系统的内置数据也通过 ContentProvider 提供数据给用户使用，如联系人列表数据等。通过定义 ContentProvider，将自己的数据提供给其他应用程序使用。

9.5.1 ContentProvider 简介

内容提供器 ContentProvider 机制主要是帮助开发者在多个应用程序中共享数据，操作共同的数据，包括存储、修改与删除等操作。在 Android 系统中，ContentProvider 是应用程序间共享数据的唯一方式，一个内容提供器（ContentProvider）类具有一组标准的接口。其接口方

法与说明见表 9.4。

表 9.4　内容提供器（ContentProvider）接口方法与说明

接口	说明
ContentProvider.insert(Uri url, ContentValues values)	将一组数据 values 插入到 Uri 指定的地方
ContentProvider.query(Uri uri, String[] projection, String selection, String[] selectionArgs,String sortOrder)	通过 Uri 进行查询，返回一个 Cursor
ContentProvider. update(Uri uri, ContentValues values, String where, String[] selectionArgs)	更新 Uri 指定位置的数据
ContentProvider.delete(Uri url, String where, String[] selectionArgs)	删除指定 Uri 并且符合一定条件的数据
ContentProvider. getType (Uri uri)	返回当前 Uri 所对应的数据类型

通过 ContentProvider 提供的接口，其他的应用程序可以方便地对数据进行操作，甚至不用关心数据结构，比如是数据库还是文本文件或者音频文件等。

在 ContentProvider 中，可以将私有数据提供给其他应用程序，那么其他程序怎样获得这些数据呢？Android 系统中提供了 ContentResolver 来共享数据。我们可以理解为 ContentProvider 是数据提供者，而 ContentResolver 是数据使用者。

程序开发人员使用 ContentResolver 对象与 ContentProvider 进行交互，ContentResolver 则通过 URI 确定需要访问的 ContentProvider 提供的数据集。

在创建 ContentProvider 时，需要首先使用数据库、文件系统或网络实现底层存储功能，然后在继承 ContentProvider 的类中实现基本数据操作的接口函数，包括添加、删除、查找和更新等功能。调用者不能够直接调用 ContentProvider 的接口函数，而需要使用 ContentResolver 对象，通过 URI 间接调用 ContentProvider。图 9-4 是 ContentProvider 调用关系。

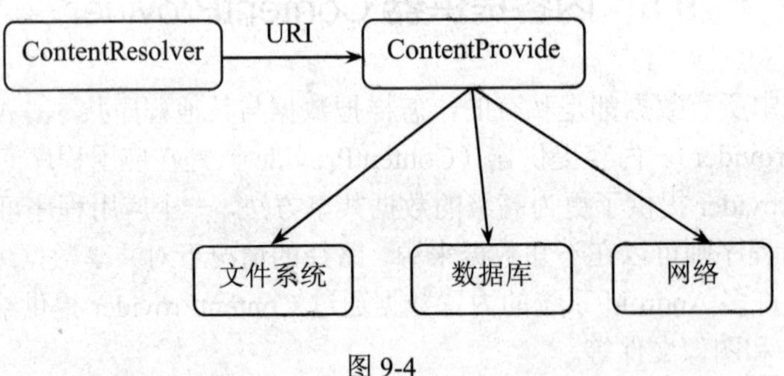

图 9-4

其中的 URI 是通用资源标示符（Uniform Resource Identifier），用来定位任何远程或本地的可用资源，ContentProvider 使用的 URI 的语法结构如下：

Content://<authority>/<data_path>/<id>

其中 Content://是通用前缀，表示用于 ContentProvider 定位资源，是固定格式。

<authority>是授权者名称，用来标识是哪个 ContentProvider 提供的资源。

<data_path>是数据路径，确定请求的是哪个数据集，如果 ContentProvider 仅仅提供一个数据集，此参数可以省略。如果不止一个数据集，则数据路径必须指明具体的数据集。一些格

式举例：

content://contacts/people/　这个 Uri 指定的就是全部的联系人数据。

content://contacts/people/1　这个 Uri 指定的是 ID 为 1 的联系人的数据。

还有一种格式：

content://LiB.cprovider.myprovider.Users/User/21

其中 LiB.cprovider.myprovider 表示授权唯一，用于唯一标识这个 ContentProvider，外部调用者通过这个 authority 来找到它，User/21 表示 Users 表中 ID 为 21 的 User。

由于 URI 通常比较长，而且有时候容易出错，且难以理解。所以，在 Android 当中定义了一些辅助类，并且定义了一些常量来代替这些长字符串的使用。比如 Contacts.People.CONTENT_URI 就表示联系人的 URI。

在 Activity 当中通过 getContentResolver()可以得到当前应用的 ContentResolver 实例。要完成 ContentResolver 对数据的使用，ContentResolver 同样也需要有接口与 ContentProvider 的接口对接，如表 9.5 所示。

表 9.5　接口说明

接口	说明
ContentResolver.insert(Uri url, ContentValues values)	将一组数据 values 插入到 Uri 指定的地方
ContentResolver.query(Uri uri, String[] projection, String selection, String[] selectionArgs,String sortOrder)	通过 Uri 进行查询，返回一个 Cursor
ContentResolver.update(Uri uri, ContentValues values, String where, String[] selectionArgs)	更新 Uri 指定位置的数据
ContentResolver.delete(Uri url, String where, String[] selectionArgs)	删除指定 Uri 并且符合一定条件的数据

在 ContentProvider 与 ContentResolver 接口参数中，都要使用 Uri（通用资源标示符）参数。

9.5.2　ContentProvider 创建

要创建一个 ContentProvider 可以按照步骤以下步骤进行：

（1）创建一个继承了 ContentProvider 父类的类。重载相关的函数，如 delete()、inert()、query()、update()、onCreate()以及 getType()函数。

```
1.  import android.content.*;
2.  import android.database.Cursor;
3.  import android.net.Uri;
4.
5.  public class PeopleProvider extends ContentProvider{
6.      @Override
7.    //构造继承类 PeopleProvider
8.      public int delete(Uri uri, String selection, String[] selectionArgs) {
9.          // TODO Auto-generated method stub
10.         return 0;
11.     }
12. //5-11 行代码重写 delete()方法
13. @Override
```

```
14.        public String getType(Uri uri) {
15.            // TODO Auto-generated method stub
16.            return null;
17.        }
18.    //13-17 行代码重写 getType()方法
19.        @Override
20.        public Uri insert(Uri uri, ContentValues values) {
21.            // TODO Auto-generated method stub
22.            return null;
23.        }
24.    //19-23 行代码重写 insert()方法
25.        @Override
26.        public boolean onCreate() {
27.            // TODO Auto-generated method stub
28.            return false;
29.        }
30.    //25-29 行代码重写 onCreate()方法
31.        @Override
32.        public Cursor query(Uri uri, String[] projection, String selection,
33.                String[] selectionArgs, String sortOrder) {
34.            // TODO Auto-generated method stub
35.            return null;
36.        }
37.    //31-36 行代码重写 query()方法
38.        @Override
39.        public int update(Uri uri, ContentValues values, String selection,
40.                String[] selectionArgs) {
41.            // TODO Auto-generated method stub
42.            return 0;
43.        }
44.    //38-43 行代码重写 update()方法
45.    }
```

（2）声明一个名为 CONTENT_URI，实现 UriMatcher。

声明的 CONTENT_URI 是 public static final 的 Uri 类型的类变量，注意必须为其指定一个唯一的字符串值，最好的方案是使用类的全名称，如：

```
public static final Uri CONTENT_URI = Uri.parse("content://com.google.android.MyContentProvider");
```

在新构造的 ContentProvider 类中，通过构造一个 UriMatcher，判断 URI 是单条数据还是多条数据，为了便于判断和使用 URI，一般将 URI 的授权者名称和数据路径等内容声明为静态常量，并声明 CONTENT_URI。

```
//声明 URI 的授权者名称
public static final String AUTHORITY = " com.providerDemo.provider ";
//声明单条数据的数据路径
public static final String PATH_SINGLE = "people/#";
//声明多条数据的数据路径
public static final String PATH_MULTIPLE = "people";
```

```
//声明 CONTENT_URI 的字符串形式
public static final String CONTENT_URI_STRING = "content://" + AUTHORITY + "/"
+ PATH_MULTIPLE;
//正式声明 CONTENT_URI
public static final Uri    CONTENT_URI = Uri.parse(CONTENT_URI_STRING);
//声明多条数据的返回代码
private static final int MULTIPLE_PEOPLE = 1;
//声明单条数据的返回代码
private static final int SINGLE_PEOPLE = 2;
//声明 UriMatcher
private static final UriMatcher uriMatcher;
//构造静态函数，定义 UriMatcher 的匹配方式和返回代码
static {
        uriMatcher = new UriMatcher(UriMatcher.NO_MATCH);
        uriMatcher.addURI(AUTHORITY, PATH_SINGLE, MULTIPLE_PEOPLE);
        uriMatcher.addURI(AUTHORITY, PATH_MULTIPLE, SINGLE_PEOPLE);
}
//调用 match()函数，对指定的返回代码进行处理
switch(uriMatcher.match(uri)){
        case MULTIPLE_PEOPLE:
                //多条数据的处理过程
                break;
        case SINGLE_PEOPLE:
                //单条数据的处理过程
                break;
        default:
                throw new IllegalArgumentException("不支持的 URI:" + uri);
}
```

其中，uriMatcher.addURI(AUTHORITY, PATH_SINGLE, MULTIPLE_PEOPLE)的 AUTHORITY 表示匹配的授权者名称，PATH_SINGLE 表示数据路径，MULTIPLE_PEOPLE 表示返回代码。

（3）创建一个数据存储系统。大多数 Content Provider 使用 Android 文件系统或 SQLite 数据库来保持数据，但是也可以以任何你想要的方式来存储。

（4）注册 Content Provider，在 AndroidMenifest.xml 中使用<provider>标签来设置 Content Provider。在 Manifest.xml 的<application>和</application>之间加入下面的语句：

```
<application
android:icon="@dwawable/icon" android:lable="@string/app_name " >
<provider android:name="PeopleProvider "
                android:authorities="com.providerDemo.provider" />
</provider>
</application>
```

上面代码注册了一个授权者名称为 com.providerDemo.provider 的 ContentProvider，其实现类是 PeopleProvider。

9.5.3 ContentProvider 查询、添加、删除、修改操作

上面介绍了 ContentProvider 对象建立，要使用 ContentProvider 是通过 Android 组件都具有的 ContentResolver 对象，通过 URI 进行数据操作，程序开发人员只需要知道 URI 和数据集的数据格式，则可以进行数据操作，解决不同应用程序之间的数据共享问题。每个 Android 组件都具有一个 ContentResolver 对象，获取 ContentResolver 对象的方法是调用 getContentResolver()函数。

下面是 ContentProvider 中的数据操作的几个方法：

1. 查询操作

public Cursor query(Uri uri, String[] projection, String selection, String[] selectionArgs, String sortOrder)：外部应用程序通过这个方法从 ContentProvider 中获取数据，并返回一个 Cursor 对象。

其中参数 Uri uri 定义查询的数据集。

String[] projection：定义从数据集返回哪些数据项。

String selection, String[] selectionArgs：定义返回数据的条件。

String sortOrder：返回数据排序。

ContentProvider 中对数据的查询方式与 SQLite 的数据查询方式类似。

2. 添加记录

向 ContentProvider 中添加数据有两种方法：一种是使用 insert()函数，向 ContentProvider 中添加一条数据；另一种是使用 bultInsert()函数，批量地添加数据。

（1）使用 ContentResolver.insert()方法，接受一个要增加的记录的目标 URI，以及一个包含了新记录值的 Map 对象，调用后的返回值是新记录的 URI，包含记录号。

格式：public Uri insert(Uri uri, ContentValues values)

外部应用程序通过这个方法向 ContentProvider 添加数据。其中 uri 是标识操作数据的 URI，value 是需要添加数据的参数。

【例 4】增加一个姓名为 LiMing 的记录。

```
ContentValues values = new ContentValues();
values.put(KEY_NAME, "LiMing");
values.put(KEY_AGE, 21);
values.put(KEY_HEIGHT, );
Uri newUri = resolver.insert(CONTENT_URI, values);
```

（2）使用 bultInsert()函数，批量的添加数据

```
ContentValues[] arrayValues = new ContentValues[10];
//在这里实例化每一个 ContentValues
int count = resolver.bultInsert(CONTENT_URI, arrayValues);
```

3. 删除操作

删除操作就是通过特定的选择条件选出你要删除的数据，然后使用方法 ContentResolver.delete()进行操作。如果需要删除单条数据，则在 URI 中指定需要删除数据的 ID；如果需要删除多条数据，则在 selection 条件设置中声明删除条件。

在进行伤处操作之前要获得一个 ContentResolver 对象实例，ContentResolver cr=

getContentResolver()，删除数据 cr.delete(Uri uri,String whereClause,String[] selectionArgs)。

其中参数：

- Uri：表示需要操作的 ContentProvider 的资源地址指向，例如联系人的数据 Uri 时 Data.CONTENT_URI。
- Where：条件参数，若为 null 表示删除全部。
- selectionArgs：条件参数。

例如，删除 ID 号大于 4 的数据：

```
ContentResolver cr= getContentResolver() //获得 ContentResolver 对象
String selection = KEY_ID + ">4";   //条件设置
int result =cr.delete(CONTENT_URI, selection, null);
```

4. 更新操作

更新操作需要使用 update()函数，参数定义域 delete()函数相同，也是需要在 URI 中指定需要更新的数据 ID，也可以在 selection 条件中声明更新条件。代码如下：

```
ContentResolver cr= getContentResolver() //获得 ContentResolver 对象
ContentValues values = new ContentValues();
values.put(KEY_NAME, "Tom");
values.put(KEY_AGE, 21);
values.put(KEY_HEIGHT, );
Uri uri = Uri.parse(CONTENT_URI_STRING + "/" + "7");
int result =cr.update(uri, values, null, null);
```

9.5.4 ContentProvider 实例

【例 5】编写一个 ContentProvider 组件，供其他程序使用，底层使用 SQLite 数据库，支持数据添加。编写一个 ContentResolver，通过 URI 调用 ContentProvider 数据，如图 9-5 所示。

图 9-5

首先在 main.xml 文件中布局三个文本编辑框，分别是姓名、年龄和身高输入框。添加按钮控件，添加数据按钮、显示按钮等。

然后编写名为 PeopleProvider.java 文件，完成 ContentProvider 实例及六个函数的重写。代码如下：

```
package com.lang.ContentProviderDemo;
```

```
2.
3.  import android.content.ContentProvider;
4.  import android.content.ContentUris;
5.  import android.content.ContentValues;
6.  import android.content.Context;
7.  import android.content.UriMatcher;
8.  import android.database.Cursor;
9.  import android.database.SQLException;
10. import android.database.sqlite.SQLiteDatabase;
11. import android.database.sqlite.SQLiteOpenHelper;
12. import android.database.sqlite.SQLiteQueryBuilder;
13. import android.database.sqlite.SQLiteDatabase.CursorFactory;
14. import android.net.Uri;
15. //3-14 行代码引入包
16. public class PeopleProvider extends ContentProvider{
17.         private static final String DB_NAME = "people.db";
18.         private static final String DB_TABLE = "peopleinfo";
19.         private static final int DB_VERSION = 1;
20. //16-19 行代码定义数据库名称、表名及版本字符串
21.         private SQLiteDatabase db;
22.         private DBOpenHelper dbOpenHelper;
23.         private static final int MULTIPLE_PEOPLE = 1;
24.         private static final int SINGLE_PEOPLE = 2;
25.         private static final UriMatcher uriMatcher;
26. //21-25 行代码定义 URI 内容
27. static {
28. uriMatcher = new UriMatcher(UriMatcher.NO_MATCH);
29. uriMatcher.addURI(People.AUTHORITY,People.PATH_MULTIPLE,MULTIPLE_PEOPLE)
30. uriMatcher.addURI(People.AUTHORITY, People.PATH_SINGLE, SINGLE_PEOPLE);
31.         }
32. //27-31 行代码定义类对象 UriMatcher
33.         @Override
34.         public String getType(Uri uri) {
35.             switch(uriMatcher.match(uri)){
36.                     case MULTIPLE_PEOPLE:
37.                             return People.MINE_TYPE_MULTIPLE;
38.                     case SINGLE_PEOPLE:
39.                             return People.MINE_TYPE_SINGLE;
40.                     default:
41.                     throw new IllegalArgumentException("Unkown uri:"+uri);
42.             }
43. //33-41 行代码重写函数 getType()，获得 Uri
45.         @Override
46.         public int delete(Uri uri, String selection, String[] selectionArgs) {
47.                         int count = 0;
48.                         switch(uriMatcher.match(uri)){
```

```
49.                         case MULTIPLE_PEOPLE:
50.                                 count = db.delete(DB_TABLE, selection, selectionArgs);
51.                                 break;
52.                         case SINGLE_PEOPLE:
53.                                 String segment = uri.getPathSegments().get(1);
54.         count = db.delete(DB_TABLE, People.KEY_ID + "=" + segment, selectionArgs);
55.                                 break;
56.                         default:
57.                         throw new IllegalArgumentException("Unsupported URI:" + uri);
58.                 }
59.                                 getContext().getContentResolver().notifyChange(uri, null);
60.                 return count;
61.         }
62. //45-61 行代码重写删除函数
63.         @Override
64.         public Uri insert(Uri uri, ContentValues values) {
65.                 long id = db.insert(DB_TABLE, null, values);
66.                 if ( id > 0 ){
67.                         Uri newUri ContentUris.withAppendedId(People.CONTENT_URI, id);
68.                         getContext().getContentResolver().notifyChange(newUri, null);
69.                         return newUri;
70.                 }
71.                 throw new SQLException("Failed to insert row into " + uri);
72.         }
73. //63-72 行代码重写插入函数
74. @Override
75.         public boolean onCreate() {
76.                 Context context = getContext();
77.                 dbOpenHelper = new DBOpenHelper(context, DB_NAME, null, DB_VERSION);
78.                 db = dbOpenHelper.getWritableDatabase();
79.
80.                 if (db == null)
81.                         return false;
82.                 else
83.                         return true;
84.         }
85. //74-84 行代码重写创建数据库函数
86.         @Override
87. public Cursor query(Uri uri, String[] projection, String selection,
88.                         String[] selectionArgs, String sortOrder) {
89.                 SQLiteQueryBuilder qb = new SQLiteQueryBuilder();
90.                 qb.setTables(DB_TABLE);
91.                 switch(uriMatcher.match(uri)){
92.                         case SINGLE_PEOPLE:
93.                 qb.appendWhere(People.KEY_ID + "=" + uri.getPathSegments().get(1));
94.                                 break;
```

```
95.                 default:
96.                     break;
97.             }
98.             Cursor cursor = qb.query(db,
99.                     projection,
100.                    selection,
101.                    selectionArgs,
102.                    null,
103.                    null,
104.                sortOrder);
105. cursor.setNotificationUri(getContext().getContentResolver(), uri);
106.            return cursor;
107.        }
108.    //86-107 行代码定义游标查询数据获得数据集
109.        @Override
110.        public int update(Uri uri, ContentValues values, String selection,
111.                String[] selectionArgs) {
112.            int count;
113.            switch(uriMatcher.match(uri)){
114.                case MULTIPLE_PEOPLE:
115.              count = db.update(DB_TABLE, values, selection, selectionArgs);
116.                        break;
117.                case SINGLE_PEOPLE:
118.                  String segment = uri.getPathSegments().get(1);
119.            count = db.update(DB_TABLE, values, People.KEY_ID+"="+segment, selectionArgs);
                        break;
123.                default:
124.        throw new IllegalArgumentException("Unknow URI:" + uri);
125.            }
126.            getContext().getContentResolver().notifyChange(uri, null);
127.            return count;
128.        }
129.    //109-128 行代码重写更新数据项函数
130.        private static class DBOpenHelper extends SQLiteOpenHelper {
131.
132.        public DBOpenHelper(Context context, String name, CursorFactory factory, int version) {
133.                super(context, name, factory, version);
134.            }
135.
136.        private static final String DB_CREATE = "create table " +
137.        DB_TABLE + " (" + People.KEY_ID + " integer primary key autoincrement, "+People.KEY_
        NAME+ " text not null, " + People.KEY_AGE+ " integer," + People.KEY_HEIGHT + "
        float);";
138.
139.    @Override
140.    public void onCreate(SQLiteDatabase _db) {
```

```
                        _db.execSQL(DB_CREATE);
            }

        @Override
        public void onUpgrade(SQLiteDatabase _db, int _oldVersion, int _newVersion) {\
                    _db.execSQL("DROP TABLE IF EXISTS " + DB_TABLE);
                    onCreate(_db);
            }
    }
//定义 DBOpenHelper 类，帮助建立数据库表
```

ContentResolverDemo.java 文件代码如下：

```
package edu.hrbeu.ContentResolverDemo;

import android.app.Activity;
import android.content.ContentResolver;
import android.content.ContentValues;
import android.database.Cursor;
import android.net.Uri;
import android.os.Bundle;
import android.view.View;
import android.view.View.OnClickListener;
import android.widget.Button;
import android.widget.EditText;
import android.widget.TextView;

public class ContentResolverDemo extends Activity {

        private EditText nameText;
        private EditText ageText;
        private EditText heightText;
        private EditText idEntry;

        private TextView labelView;
        private TextView displayView;

        private ContentResolver resolver;
    @Override
    public void onCreate(Bundle savedInstanceState) {
        super.onCreate(savedInstanceState);
        setContentView(R.layout.main);

        nameText = (EditText)findViewById(R.id.name);
        ageText = (EditText)findViewById(R.id.age);
        heightText = (EditText)findViewById(R.id.height);
        idEntry = (EditText)findViewById(R.id.id_entry);

```

```
36.             labelView = (TextView)findViewById(R.id.label);
37.             displayView = (TextView)findViewById(R.id.display
38.             Button addButton = (Button)findViewById(R.id.add);
39.             Button queryAllButton = (Button)findViewById(R.id.query_all);
40.             Button clearButton = (Button)findViewById(R.id.clear);
41.             Button deleteAllButton = (Button)findViewById(R.id.delete_all);
42.
43.             Button queryButton = (Button)findViewById(R.id.query);
44.             Button deleteButton = (Button)findViewById(R.id.delete);
45.             Button updateButton = (Button)findViewById(R.id.update);
46.
47.
48.             addButton.setOnClickListener(addButtonListener);
49.             queryAllButton.setOnClickListener(queryAllButtonListener);
50.             clearButton.setOnClickListener(clearButtonListener);
51.             deleteAllButton.setOnClickListener(deleteAllButtonListener);
52.
53.             queryButton.setOnClickListener(queryButtonListener);
54.             deleteButton.setOnClickListener(deleteButtonListener);
55.             updateButton.setOnClickListener(updateButtonListener);
56.             resolver = this.getContentResolver(); //实例化 ContentResolver 对象
57.
58.     }
59.       OnClickListener addButtonListener = new OnClickListener() {
60.           @Override
61.           public void onClick(View v) {
62.           ContentValues values = new ContentValues();
63.
64.           values.put(People.KEY_NAME, nameText.getText().toString());
65.           values.put(People.KEY_AGE, nteger.parseInt(ageText.getText().toString()));
66.           values.put(People.KEY_HEIGHT,Float.parseFloat(heightText.getText().toString()));
67.
68.           Uri newUri = resolver.insert(People.CONTENT_URI, values);
69.           labelView.setText("添加成功，URI:" + newUri);
70.
71.                   }
72.       };
73.  //62-72 行代码是按钮添加数据的事件处理代码，相应的下面其他按钮的代码程序省略
74.  OnClickListener queryAllButtonListener = new OnClickListener() {
75.           @Override
76.           public void onClick(View v) {
77.  //添加查询显示所有数据项的代码
78.  }
79.    OnClickListener clearButtonListener = new OnClickListener() {
80.       @Override
```

```
public void onClick(View v) {
//添加删除代码
};

OnClickListener queryButtonListener = new OnClickListener() {
@Override
public void onClick(View v) {
//添加查询代码
};

OnClickListener deleteButtonListener = new OnClickListener() {
@Override
public void onClick(View v) {
};
}
```

本章小结

本章主要讲解了 Android 系统中数据存储的相关知识，数据存储方式有 SharedPreferences 数据存储方式、文件存储方式、数据库 SQLite。内容提供器是为程序间共享数据提供方便，配合数据的存储方式使用。

习题 9

1．简述在嵌入式系统中使用 SQLite 数据库的优势。

2．分别使用手动建库和代码建库的方式，创建名为 test.db 的数据库，并建立 staff 数据表，表内的属性值如下所示：

属性	数据类型	说明
id	integer	主键
name	text	姓名
sex	text	性别
department	text	所在部门
salary	float	工资

3．建立一个 ContentProvider，共享数据库 test.db。

第 10 章　网络通信

- 掌握 Android 的 HTTP 连接
- 了解 WebView 的使用
- 了解 HTTP 中 GET 与 POST 的使用
- 了解蓝牙与 WiFi 通信

在现代手机中，网络通信也是一个重要的功能。在 Android 中，人们同样可以通过网络通信来随时随地地浏览网页、即时聊天、收发微博等。

Android 作为移动设备的网络操作系统，也具有强大的网络支持功能。提供了丰富的 API，包括保留 Java 平台的 java.net 等支持外，也将 Apache 中与 HTTP 通信相关的包也纳入进来。在 Android 系统中也有许多与网络通信有关的包，如表 10.1 所示。

表 10.1　Android 中与网络通信相关的包

包	描述
java.net	提供与网络通信相关的类，包括流和数据包 Socket、Internet 协议和常见 HTTP 处理。该包是一个多功能网络资源
java.io	虽然没有提供现实网络通信功能，但是仍然非常重要。该包中的类由其他 Java 包中提供的 Socket 和链接使用。它们还用于与本地文件的交互
java.nio	包含表示特定数据类型的缓冲区的类。适用于两个基于 Java 语言的端点之间的通信
org.apache.*	表示许多为 HTTP 通信提供精确控制和功能的包，可以将 Apache 视为流行的开源 Web 服务器
android.net	除核心 java.net.*类以外，包含额外的网络访问 Socket。该包包括 URI 类，后者频繁用于 Android 应用程序开发，而不仅仅是传统的联网
android.net.http	包含处理 SSL 证书的类

同时，Android 平台也为网络通信提供了丰富的开发接口，其中最重要的有关网络通信的重要类/接口有：ConnectivityManager 连接管理器，NetworkInfo 接口，用于描述网络接口状态。

10.1　Android 平台网络通信

在网络通信中，Android 提供了基于 Socket（套接字）和基于 HTTP 协议的方式与服务器通信；以及蓝牙和 WiFi 的方式与移动设备之间的通信。HTTP 协议主要以 XML 代码为载体，而 Socket（套字节）是面向 TCI/IP 协议的。其中 HTTP 方式通过 httpURLConnetction 接口或者通过 Apache 的接口——httpClient 接口实现与服务器之间的通信。

在 Android 中可以通过使用 Webview 控件访问网络，也可以通过代码的方式，使用 URLConnection 对象或 httpClient 组件也可以完成网络的访问。

10.1.1　Android HTTP 通信

在网络通信中最常用的数据传输协议是超文本传输协议——HTTP。Android 对于 HTTP 网络通信，提供了标准的 Java 接口——HttpURLConnection 接口（包 java.net）以及 Apache 的接口——Httpclient 接口（org.apache）。

HttpURLConnection 类属于 JavaAPI 的标准接口，包含在 java.net.*中，此类继承 URLConnection 类。使用 HttpURLConnection 类进行数据的接收与发送，HttpURLConnection 的接收与发送在传输数据时又分为 get 和 post 两种方式。

URLConnection 与 HttpURLConnection 都是抽象类，不能直接实例化，因此要创建一个实例化对象要通过 openConnection 方法获得。

1. 以 GET 方式发送 HTTP 请求

在 HTTP 协议中，GET 常常用来查询数据，使用的参数直接写在 URL 中，如 http://www.baidu.com/index.jsp?id=1234。其中的 id=1234 就是参数形式。HttpURLConnection 类的默认连接方式就是 GET，使用 HttpURLConnection 的 GET 方法步骤如下：

（1）新建 URL。

URL（资源描述符），描述一个网上的资源（就是我们熟悉的服务器网址）作为字符串参数传递到 URL 的构造函数中就可以创建一个 URL 对象了，代码如下：

```
URL url=new URL("http://www.baidu.com/index.jsp?id=1234");
```

（2）获得链接对象。

可以通过新建 URL 对象的 openConnection()方法连接。代码如下：

```
HttpURLConnection urlconn=(HttpURLConnection)url.openConnection()
```

openConnection 方法只创建 URLConnection 或 httpURLConnection 实例。不会进行真正的连接。在实现真正连接前，需要对一些连接参数进行设置。

（3）设置连接对象。

```
//设置连接超时
urlconn.setConnectTimeout(6*1000);
//设置允许输入/输出流
urlconn.setDoOutput(true);
urlconn.setDoInput(true);
//设置请求方式为 GET 或 POST
urlconn.setRequestMethod("GET");
```

（4）获得输入流。

通过连接到服务器，我们可以获得输入流，代码如下：

```
urlconn.setInputStream();
```

（5）从获得的流中读取结果。

不同的流读取方式不一样，一般常见的读取流方法有 BufferReader 的 readLine()方法。

（6）关闭流，调用 close()方法即可。

【例 1】使用 GET 连接字符串指定的服务器，部分代码如下：

```
……
URL url;
try {
url = new URL("http://www.baidu.com/index.jsp");
URLConnection connection = url.openConnection();
HttpURLConnection httpConnection = (HttpURLConnection)connection;
httpConnection.setDoOutput(true) ;
httpConnection.setRequestMethod("GET");//设置连接方式为 GET
  int responseCode = httpConnection.getResponseCode(); //连接返回代码
  if (responseCode == HttpURLConnection.HTTP_OK) //连接成功后的动作
{
InputStream in = httpConnection.getInputStream();
   //添加代码处理  }
  } catch (MalformedURLException e) {}
  httpConnection.close() }    //关闭连接
```

2. 使用 POST 方法请求 HTTP

POST 与 GET 方法的区别在于它的参数不能直接写在 URL 中，具体实施时要使用 OutStream 写数据。具体步骤如下：

（1）新建 URL。

```
URL url=new URL("http://www.baidu.com/index.jsp");
```

（2）获得链接对象。

```
HttpURLConnection urlconn=(HttpURLConnection)url.openConnection()
```

（3）设置连接对象。

```
urlconn.setRequestMethod("POST");
```

设置方式为 POST 时，POST 方式不能使用缓冲。

```
urlconn.setUseCaches(false);
```

（4）获得输入流，写入数据。

通过连接到服务器，我们可以获得输入流，代码如下：

```
urlconn.setInputStream() throws IOException;
```

在写入数据时要注意对数据进行编码设置。

```
URLEncoder.encode(String str1,String enc) throws UnsupportedEncodingExceptin
```

其中参数 str1 是需要传输的数据，enc 是编码方式。

（5）从获得的流中读取结果。

（6）关闭流。

10.1.2 Android 中基于 Socket 通信

Android 中的 Socket 连接，是基于 TCP/IP 协议的，移动设备终端通过网络 TCP 连接可以实现网络的应用连接。

可以把 Socket 看成两个程序进行通讯连接的两个端点。程序将信息写入到 Socket 中发给另外的 Socket 进行通信。建立 Socket 连接至少需要一对套接字（Socket），分别运行在客户端和服务器端，运行在客户端的称为 ClientSocket，服务器端的称为 ServerSocket。当使用一个

Socket 连接时，就是建立了一个 TCP 连接。Socket 通信模型如图 10-1 所示。

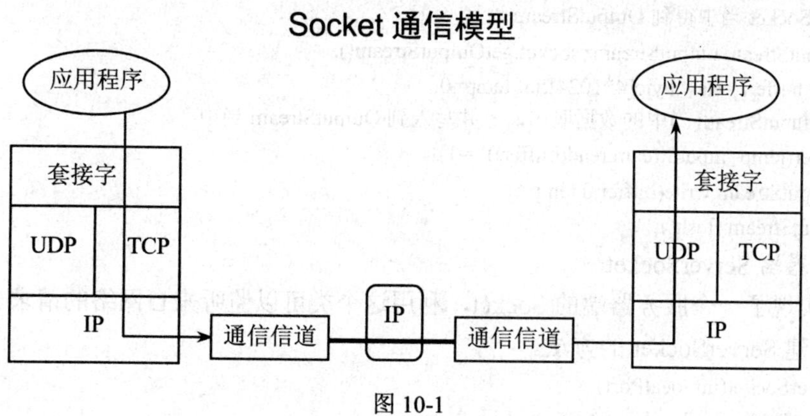

图 10-1

1. 创建客户端 Socket

创建 Socket 常用的两个构造函数是 Socket(InetAddress addr，int port)和 Socket(String host，int port)，两个函数都能创建一个基于套接字的连接。

如果创建了一个 Socket 对象，这个对象可以通过调用 Socket 提供的 getInputStream()方法从服务器端获得的信息，也能通过 getOutputStream()输出流发送信息。

（1）创建 Socket 方法。

```
Socket(InetAddress addr,int port)
```

其中参数 addr 与 port 指远程服务器端的地址和端口号。

（2）操作 Socket 方法。

```
InputStream getInputStream()
OutputStream getOutputStream()
void close()
```

操作 Socket 如图 10-2 所示。

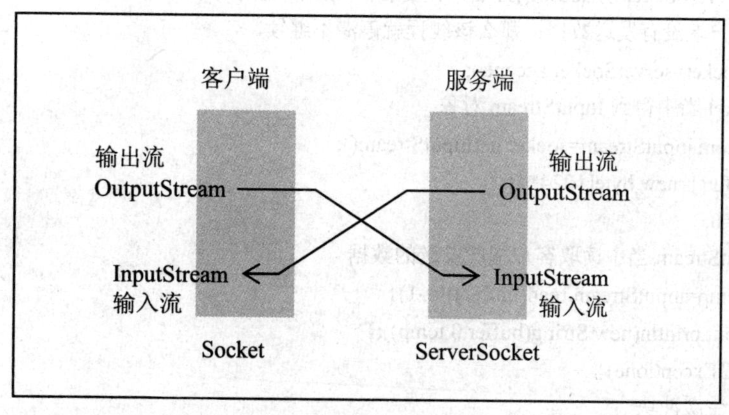

图 10-2

TCP 协议客户端实现：

```
//创建一个 Socket 对象，指定服务器端的 IP 地址和端口号：
Socket socket=newSocket("202.180.192.2",4567);
```

```
//使用 InputStream 读取硬盘上的文件
InputStream inputStream=new FileInputStream("f://file/words.txt");
//从 Socket 当中得到 OutputStream
OutputStream outputStream=socket.getOutputStream();
Byte buffer[]=new byte[4*1024];int temp=0;
//将 InputStream 当中的数据取出，  并写入到 OutputStream 当中
while((temp=inputStream.read(buffer))!=-1);
{outputStream.write(buffer,0,temp);}
outputStream.flush();}
```

2. 服务器端 ServerSocket

这个类实现了一个服务器端的 Socket，利用这个类可以监听来自网络的请求。

（1）创建 ServerSocket 的方法。

```
ServerSocket(int localPort)
ServerSocket(int localport,int queueLimit)
ServerSocket(int localport,int queueLimit,intAddress localAddr)
```

创建一个 ServerSocket 必须指定一个端口，以便客户端能够向该端口号发送连接请求。端口的有效范围是 0～65535。

（2）ServerSocket 操作。

```
Socket accept()
void close()
```

accept()方法为下一个传入的连接请求创建 Socket 实例，并将已成功连接的 Socket 实例返回给服务器套接字，如果没有连接请求，accept()方法将阻塞等待；close 方法用于关闭套接字。

TCP 协议服务器端实现：

```
//声明一个 ServerSocket 对象
ServerSocket serverSocket=null;
try{//创建一个 ServerSocket 对象，并让这个 Socket 在 4567 端口监听
serverSocket=new ServerSocket(4567);
//调用 ServerSocket 的 accept()方法，接受客户端所发送的请求
//如果客户端没有发送数据，那么该线程就停滞不继续
Socket socket=serverSocket.accept();
//从 Socket 当中得到 InputStream 对象
InputStream inputStream=socket.getInputStream();
Byte buffer[]=new byte[1024*4];
int temp=0;
//从 InputStream 当中读取客户端所发送的数据
while((temp=inputStream.read(buffer))!=-1){
System.out.println(new String(buffer,0,temp));}
}catch(IOExceptione){
//自动产生缓冲块
e.printStackTrace();}
serverSocket.close();
}
```

10.2　通信组件 WebView

在 HTTP 通信中，通过 GET 或 POST 以及套字节方式获取到的信息都是文本内容，如果需要像真正的浏览器一样可视化内容，同样也有嵌入式浏览器方便用户与 Internet 通信，内置的高性能 WebKit 浏览器在 SDK 中被封装成一个叫做 WebView 的组件，通过此组件，程序员可以方便地写出自己喜欢的浏览器。

10.2.1　WebKit 介绍

WebKit 是一个开源网页浏览器引擎，它是许多浏览器的核心，如 Google Chrome 浏览器就采用了 WebKit 引擎。Android 平台自带的浏览器也是基于 WebKit 内核，实际上 Android 平台对 WebKit 引擎进行了封装，在 Android 平台中提供了 android.webkit 包，包中提供了显示网页内容的工具，其中最重要的便是 android.webkit.WebView 控件。

目前，WebKit 模块支持 HTTP、HTTPS、FTP 以及 Javascript 请求。WebView 作为应用程序的 UI 接口，为用户提供了一系列的网页浏览、用户交互接口，客户程序通过这些接口访问 WebKit 核心代码。

10.2.2　WebView 使用

WebView 类是 WebKit 模块在 Java 层的视图类，所有需要使用 Web 浏览功能的 Android 应用程序都要创建该视图对象显示和处理请求的网络资源。

在 Android 系统中，开发一个 Web 应用（或者仅仅是一个 Web 页面）作为客户端的一部分，你可以使用 WebView。WebView 是 Android 中 View 类的扩展，能让你将 Web 页面作为活动布局（Activity Layout）。它不包含一个浏览器的完整功能，比如导航控制或者地址栏。WebView 默认做的仅仅是展现一个 Web 页面。WebView 主要负责显示 Web 页面，基于 WebView 类，可以构造自己的 Web 浏览器。

1. 使用 WebView 的步骤如下

（1）将 WebView 布局在应用中。应用中需要使用 WebView，只需要在活动布局中加入 WebView 组件，代码如下：

```
<?xml version="1.0" encoding="utf-8"?>
<WebView
        xmlns:android="http://schemas.android.com/apk/res/android"
    android:id="@+id/webview"
    android:layout_width="fill_parent"
    android:layout_height="fill_parent"
/>
```

上面的 WebView 组件占据了整个屏幕。

（2）实例化该组件，得到一个具体对象。代码如下：

```
WebView myWebView = (WebView) findViewById(R.id.webview);
```

（3）设置 WebView 的基本信息和基本属性，一般利用 Websetting 设置，以下是常用设置：

```
Websetting ws= myWebView.getSettings()
ws.setDefaultFontSize()//设置字体
ws.setDefaultZoom() //设置屏幕的缩放级别
ws.setAllowFileAccess(true);//设置可以访问文件
ws.setBuiltInZoomControls(true);//设置可以支持缩放
ws.setJavaScriptEnabled(true); //如果访问的页面中有 Javascript，则 WebView 必须设置支持 JavaScript
```

（4）设置 WebView 客户端，加载 Web 页面，代码如下：

```
WebViewClient client=new WebViewClient()
...
myWebView.loadUrl("http://www.example.com");
```

如果程序中没有自己设置客户端，默认使用 Android 自带的浏览器打开网页。如果自己定义客户端，可以通过重写 WebViewClient 提供的方法规划自定义的客户端。

WebView 加载界面主要调用三个方法：LoadUrl、LoadData、LoadDataWithBaseURL。

- LoadUrl——直接加载网页、图片并显示（本地或是网络上的网页、图片、gif）。
- LoadData——显示文字与图片内容（模拟器 1.5、1.6）。
- LoadDataWithBase——显示文字与图片内容（支持多个模拟器版本）。

（5）在 AndroidManifest.xml 中添加使用许可"android.permission.INTERNET"，否则会出 Web page not available 错误。代码如下：

```
<manifest ... >
    <uses-permission android:name="android.permission.INTERNET" />
    ...
</manifest>
```

2. WebViewClient 和 WebChromClients 类

WebViewClient 和 WebChromClients 类可以看作是辅助 WebView 管理网页中各种通知、请求等事件以及 JavaScript 事件的两个类。WebViewClient 就是帮助 WebView 处理各种通知、请求事件的，其中 WebViewClient 的常用方法如表 10.2 所示。

表 10.2 WebViewClient 的常用方法

onReceivedHttpAuthRequest	HTTP 认证请求
onFormResubmission	应用程序重新请求网页数据
onLoadResource	加载指定地址提供的资源
onPageFinished	网页加载完毕
onPageStarted	网页开始加载
onReceiveError	加载出错时响应

通过 WebView 的 setWebViewClient 方法指定一个 WebViewClient 对象，通过覆盖该类的方法来辅助 WebView 浏览网页。

而 WebChromeClient 主要辅助 WebView 处理 JavaScript 的对话框、网站图标、网站 title、加载进度等，表 10.3 是 WebChromeClient 常用的方法。

表 10.3　WebChromeClient 常用的方法

onCloseWindow	关闭 WebView
onJsAlert	处理 Alert
onJsPrompt	处理 Prompt
onJsConfirm	处理 Confirm
onProgressChanged	加载进度改变加载
onReceivedIcon	收到图片时加载
onReceivedTitle	收到 Title 时加载

如果在浏览器中需要更丰富的处理效果，比如 JS、进度条等，就要用到 WebChromeClient。

10.3　WiFi 通信

WiFi（Wireless Fidelity）在无线局域网中指“无线相容性认证”，是一种无线联网的技术。实质上是一种商业认证，同时也是一种无线联网的技术，WiFi 是一种帮助用户访问电子邮件、Web 和流式媒体的互联网技术。它为用户提供了无线的宽带互联网访问。同时，它也是在家里、办公室或在旅途中上网的快速、便捷的途径。能够访问 WiFi 网络的地方被称为热点。

WiFi 工作在 2.4GHz 频道，支持的最高速率为 54Mb/s，有其自己的工作协议，最常用的是 802.11G。

1. WiFi 中常用的方式

WiFi 的使用涉及 WiFi 网卡的状态，WiFi 网卡的状态是由一系列的整型常量来表示的：

0：WIFI_STATE_DISABLING　//0 表示网卡正在关闭
1：WIFI_STATE_DISABLED　//1 表示网卡不可用
2：WIFI_STATE_ENABLING　//2 表示网卡正在打开
3：WIFI_STATE_ENABLED　//3 表示网卡可用
4：WIFI_STATE_UNKNOWN　//4 表示未知网卡状态

在 Android 中通过 WiFi 访问网络也需要在 manifest.xml 中设置访问权限：

```
//修改网络状态
Permissionansriod:name="android.permission.CHANGE_NETWORK_STATE"
//修改 WiFi 状态
Permissionansriod:name="android.permission.CHANGE_WIFI_STATE"
//访问网络权限
Permissionansriod:name="android.permission.ACCESS_NETWORK_STATE"
//访问 WiFi 权限
Permissionansriod:name="android.permission.ACCESS_WIFI_STATE"
```

2. Android WiFi 开发的类与接口

在 Android 中提供了与 WiFi 开发有关的类与接口：

（1）ScanResult：用于描述已经检测到的接入点，包括接入点地址、接入点地址名称、身份认证、频率、信号强度等。

（2）WiFiConfigureation：WiFi 网络配置，包括安全配置等。

（3）WiFiinfo：WiFi 无线连接的描述，包括接入点、网络连接状态、IP 地址、连接速度、MAC 地址、网络 ID、信号强度等。

（4）WiFiManager：提供管理 WiFi 连接的大部分 API，通过操作 WiFiManager 对象可以对 WiFi 网卡进行操作。实例化一个 WiFiManager 对象代码如下：

```
WiFiManger wifiManger =
(WiFiManger)Context.getSystemService(Service.WIFI_SERVICE);
```

WiFiManager 中提供的一些方法如表 10.4 所示。

表 10.4　WiFiManager 常用的方法

方法	说明
WiFiManger.setWifiEnabled(true);	打开 WiFi 网卡
WiFiManger.setWifiEnablee(false);	关闭 WiFi 网卡
WiFiManger.getWifiState();	获取网卡的当前的状态
WiFiManger.addNetwork();	添加一个配置好的网络连接
WiFiManger.calculateSignalLevel();	计算信号的强度
WiFiManger.compareSignalLevel();	比较两个信号的强度
WiFiManger.createWifiLock();	创建一个 WiFi 锁
WiFiManger.disconnect();	从接入点断开
WiFiManger.startScan();	扫描已存在的接入点
WiFiManger.updateNetwork();	更新已经配置好的网络

3. WiFi 操作设置

对 WiFi 连接进行操作，需要通过 WiFiManger 对象来进行，获取该对象的方法如下：

```
WiFiManger mywifi=(WiFiManger)Context.getSystemService(Service.WIFI_SERVICE);
```

当获得一个 WifiManger 对象后，就可以对此对象进行如下操作：

```
mywifi.setWifiEnabled(true);        //打开 WiFi 网卡
mywifi.setWifiEnablee(false);       //关闭 WiFi 网卡
mywifi.getWifiState();              //获取网卡的当前状态
mywifi.addNetwork();                //添加一个配置好的网络连接
mywifi.calculateSignalLevel();      //计算信号的强度
mywifi.compareSignalLevel();        //比较两个信号的强度
mywifi.createWifiLock();            //创建一个 WiFi 锁
mywifi.disconnect();                //从接入点断开
mywifi.startScan();                 //扫描已存在的接入点
mywifi.updateNetwork();             //更新已经配置好的网络
```

模拟 WiFi 网卡打开过程，如图 10-3 所示。

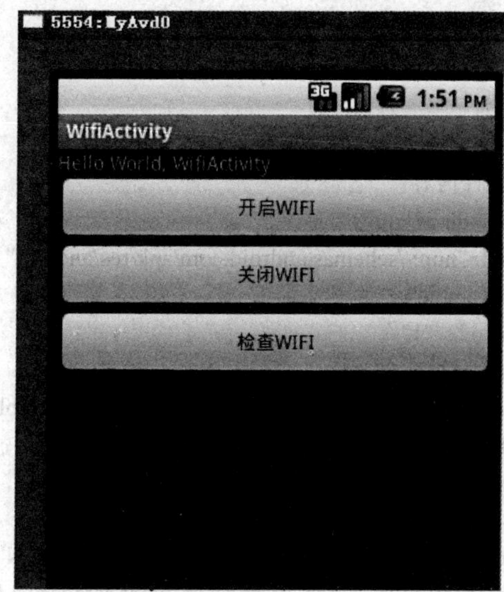

图 10-3

Main.xml 的内容为：

```
<?xml version="1.0" encoding="utf-8"?>
<LinearLayout xmlns:
    android="http://schemas.android.com/apk/res/android"
    android:orientation="vertical"
    android:layout_width="fill_parent"
    android:layout_height="fill_parent"
    >
<TextView
    android:layout_width="fill_parent"
    android:layout_height="wrap_content"
    android:text="Hello World, WifiActivity"
    />
 <Button
    android:id="@+id/startWifi"
    android:layout_width="fill_parent"
    android:layout_height="wrap_content"
    android:text="开启 WIFI"
    />
<Button
    android:id="@+id/stopWifi"
    android:layout_width="fill_parent"
    android:layout_height="wrap_content"
    android:text="关闭 WIFI"
    />
  <Button
    android:id="@+id/checkWifi"
    android:layout_width="fill_parent"
    android:layout_height="wrap_content"
```

```
        android:text="检查 WIFI"
        />
</LinearLayout>
```

AndroidMainfest.xml 文件内容：

```
<?xml version="1.0" encoding="utf-8"?>
<manifest xmlns:android="http://schemas.android.com/apk/res/android"
      package="com.example"
      android:versionCode="1"
      android:versionName="1.0">
    <application android:label="WIFIDEMo" android:icon="@drawable/icon">
        <activity android:name="WifiActivity"
                  android:label="@string/app_name">
            <intent-filter>
                <action android:name="android.intent.action.MAIN" />
                <category android:name="android.intent.category.LAUNCHER" />
            </intent-filter>
        </activity>
    </application>
    <uses-permission android:name="android.permission.CHANGE_NETWORK_STATE">
    </uses-permission>
    <uses-permission android:name="android.permission.CHANGE_WIFI_STATE">
    </uses-permission>
    <uses-permission android:name="android.permission.ACCESS_NETWORK_STATE">
    </uses-permission>
    <uses-permission android:name="android.permission.ACCESS_WIFI_STATE">
    </uses-permission>
</manifest>
```

Java 代码如下：

```
public class WifiActivity extends Activity
{
    private Button startButton = null;
    private Button stopButton = null;
    private Button checkButton = null;
    private WifiManager wifiManager = null;
        @Override
        public void onCreate(Bundle savedInstanceState) {
            super.onCreate(savedInstanceState);
            setContentView(R.layout.main);
            startButton = (Button)findViewById(R.id.startWifi);
            stopButton = (Button)findViewById(R.id.stopWifi);
            checkButton = (Button)findViewById(R.id.checkWifi);
            startButton.setOnClickListener(new StartWifiListener());
            stopButton.setOnClickListener(new StopWifiListener());
            checkButton.setOnClickListener(new CheckWifiListener());
        }
```

```
    class StartWifiListener implements View.OnClickListener {

  @Override
  public void onClick(View v) {
    wifiManager = (WifiManager)WifiActivity.this.getSystemService(Context.WIFI_SERVICE);
    wifiManager.setWifiEnabled(true);
    System.out.println("wifi state --->" + wifiManager.getWifiState());
    Toast.makeText(WifiActivity.this, "当前 Wifi 网卡状态为" +
                wifiManager.getWifiState(), Toast.LENGTH_SHORT).show();
  }
    }
    class StopWifiListener implements View.OnClickListener {

  @Override()
  public void onClick(View arg0) {
    //增加代码处理过程
    wifiManager = (WifiManager)WifiActivity.this.getSystemService(Context.WIFI_SERVICE);
    wifiManager.setWifiEnabled(false);
    System.out.println("wifi state --->" + wifiManager.getWifiState());
    Toast.makeText(WifiActivity.this, "当前 Wifi 网卡状态为" +
wifiManager.getWifiState(), Toast.LENGTH_SHORT).show();
  }

    }

    class CheckWifiListener implements View.OnClickListener {

  @Override
  public void onClick(View v) {
    wifiManager = (WifiManager)WifiActivity.this.getSystemService(Context.WIFI_SERVICE);
    System.out.println("wifi state --->" + wifiManager.getWifiState());
    Toast.makeText(WifiActivity.this, "当前 Wifi 网卡状态为" +
wifiManager.getWifiState(), Toast.LENGTH_SHORT).show();
  }

    }
}
```

10.4　蓝牙通信

Android 平台支持蓝牙网络协议栈，实现蓝牙设备之间的数据传输。蓝牙的标准是 IEEE 802.15.1，蓝牙协议工作在无需许可的 ISM（Industrial Scientific Medical）频段的 2.45GHz。最高速度可达 723.1kb/s。为了避免干扰可能使用 2.45GHz 的其他协议，蓝牙协议将该频段划分成 79 频道，（带宽为 1MHz）每秒的频道转换可达 1600 次。

10.4.1 Android 平台对蓝牙支持的类

Android 中所有关于蓝牙开发的类包含在 android.bluetooth 包内，以下是建立蓝牙连接需要的类。

（1）BluetoothAdapter 类：表示本地的一个蓝牙适配器，是所有蓝牙交互的的入口点。利用它你可以发现其他蓝牙设备，查询绑定了蓝牙的设备，使用已知的 MAC 地址实例化一个蓝牙设备和建立一个 BluetoothServerSocket（作为服务器端）来监听来自其他设备的连接。BluetoothAdapter 里的方法很多，常用的几个如表 10.5 所示。

表 10.5 BluetoothAdapter 类中常用方法与说明

方法	说明
cancelDiscovery()	取消发现
disable()	关闭蓝牙
enable()	打开蓝牙
getAddress()	获取本地蓝牙设备地址
getDefaultAdapter()	获取默认的蓝牙设备地址
getName()	获取本地蓝牙名称
getRemoteDevice(String address)	根据蓝牙地址获得远程蓝牙设备
getState()	获取本地蓝牙适配器的当前状态
isEnabled()	判断蓝牙是否打开
isDiscovering()	判断是否正在查找设备

（2）BluetoothDevice 类：代表了一个远端的蓝牙设备，使用它请求远端蓝牙设备连接或者获取远端蓝牙设备的名称、地址、种类和绑定状态。（其信息是封装在 bluetoothsocket 中）。

创建 BluetoothSocket 类：使用 createRfcommSocketToServiceRecord(UUIDuuid)函数，根据 UUID 创建并返回一个 BluetoothSocket。

其他方法，如 getAddress()、getName()，同 BluetoothAdapter。

（3）BluetoothSocket 类：代表了一个蓝牙套接字的接口（类似于 TCP 中的套接字），是应用程序通过输入、输出流与其他蓝牙设备通信的连接点。方法有：

```
close()              //与服务器断开关闭
connect()            //与服务器建立连接
getInptuStream()     //获取输入流
getOutputStream()    //获取输出流
getRemoteDevice()    //获取远程设备，指的是获取 BluetoothSocket 指定连接的那个远程蓝牙设备。
```

（4）BlueboothServerSocket 类：打开服务连接来监听可能到来的连接请求（属于 Server 端），为了连接两个蓝牙设备必须有一个设备作为服务器打开一个服务套接字。当远端设备发起连接请求的时候，并且已经连接到了的时候，BlueboothServerSocket 类将会返回一个 BluetoothSocket。

10.4.2　蓝牙通信模式

在应用程序中，想建立两个蓝牙设备之间的连接，涉及两个蓝牙通信主体，一端作为服务器端（通常持有一个打开的 BluetoothServerSocket），目的是监听外来连接请求，当监听到以后提供一个连接上的 BluetoothSocket 给客户端；另一个作为客户端发起连接请求。

1. 服务器端使用模式

- 获取本地蓝牙适配器（BluetoothAdapter）。
- 开启本地蓝牙功能，允许本地设备被检测。
- 使用本地适配器侦听服务，获取服务套接字（BluetoothServerSocket）。
- 等待客户端连接如果有客户端连接，获取与客户端的套接字（BluetoothSocket）。
- 通过套接字与客户端通信。
- 通信完毕，关闭与客户端的套接字，继续等待其他客户端连接。

2. 客户端使用模式

- 获取本地蓝牙适配器。
- 开启蓝牙功能。
- 检测远程蓝牙服务器设备并获取远端蓝牙服务器设备（BluetoothDevice）。
- 与远程蓝牙设备接口建立套接字。
- 通过套接字的输入与输出流与服务器进行通信。
- 通信完毕，关闭与服务器的套接字。

蓝牙设备间的通信主要包括四个步骤：

（1）设置蓝牙设备。

使用蓝牙设备通信之前，必须确定设备支持蓝牙，并保证它可以用。如果你的设备支持蓝牙，将它开启（Enanle）。有两种方法设置蓝牙设备使能，一种是在系统设置中设置蓝牙设备使能，这种方式比较简单；二是在程序中设置，在程序中设置首先通过调用静态方法 getDefaultAdapter()获取蓝牙适配器 BluetoothAdapter 对象，再对该对象进行操作，代码如下：

```
BluetoothAdapter myBluetooth = BluetoothAdapter.getDefaultAdapter();
if (myBluetooth == null) {
//如果返回值为空，则蓝牙设备不可用
}
```

如果蓝牙设备存在，通过 isEnabled()判断是否开启，没有开启，就通过封装一个 ACTION_REQUEST_ENABLE 请求到 intent，调用开启功能。代码如下：

```
if (!myBluetooth.isEnabled()) { //如果没有开启，就打开蓝牙设备
Intent enableBtIntent = new Intent(BluetoothAdapter.ACTION_REQUEST_ENABLE);
     startActivityForResult(enableBtIntent, REQUEST_ENABLE_BT);
}
```

（2）寻找局域网内匹配的设备。

使用 BluetoothAdapter 类里的方法，开始查找远端设备或者查询在你手机上已经匹配（或者说绑定）的其他蓝牙设备了。首先需要确定对方蓝牙设备已经开启或者已经开启了"被发现使能"功能（对方设备可以被发现是能够发起连接的前提条件）。如果该设备是可以被发现的，会反馈回来一些对方的设备信息，比如名字、MAC 地址等，利用这些信息，你的设备就可以

选择去向对方初始化一个连接。

扫描设备，只需要简单的调用 startDiscovery()方法，设备能够被其他设备发现，将 ACTION_REQUEST_DISCOVERABLE 动作封装在 intent 中并调用 startActivityForResult(Intent, int)方法就可以了，扫描蓝牙设备代码实例：

```
private final BroadcastReceiver mReceiver = new BroadcastReceiver() {
    public void onReceive(Context context, Intent intent) {
        String action = intent.getAction();
        //当发现蓝牙设备
        if (BluetoothDevice.ACTION_FOUND.equals(action)) {
            //从 Intent 中获得蓝牙目标
            BluetoothDevice device = intent.getParcelableExtra(BluetoothDevice.EXTRA_DEVICE);
            //添加扫描到的蓝牙设备地址和名称到列表中
            mArrayAdapter.add(device.getName() + "\n" + device.getAddress());
        }
    }
};
```

注意要使用蓝牙通信，需要注册广播接收器：

```
IntentFilter filter = new IntentFilter(BluetoothDevice.ACTION_FOUND);
registerReceiver(mReceiver, filter);
```

这样就可以把周围的蓝牙设备增加到你的列表中，使用的时候就可以在列表中选择你需要的蓝牙设备了。

（3）连接设备。

想建立两个蓝牙设备之间的连接，必须实现客户端和服务器端的代码（因为任何一个设备都必须可以作为服务端或客户端）。一个开启服务来监听，一个发起连接请求（使用服务器端设备的 MAC 地址）。

1）服务端的连接：

建立服务套接字和监听连接的基本步骤如下：

- 首先通过调用 listenUsingRfcommWithServiceRecord(String,UUID) 方法来获取 bluetoothserversocket 对象。
- 其次调用 accept()方法来监听可能到来的连接请求，当监听到以后，返回一个连接上的蓝牙套接字 bluetoothsocket。
- 最后，在监听到一个连接以后，需要调用 close()方法来关闭监听程序。

2）客户端的连接：

为了初始化一个与远端设备的连接，需要先获取代表该设备的一个 BluetoothDevice 对象。通过 BluetoothDevice 对象来获取 BluetoothSocket 并初始化连接：

- 使用 BluetoothDevice 方法 createRfcommSocketToServiceRecord(UUID)来获取 BluetoothSocket 蓝牙套接字。UUID 就是匹配码。
- 调用 connect()方法。如果远端设备接收了该连接，它们将在通信过程中共享 RFFCOMM 信道，并且使用 connect()方法返回。

（4）传输管理连接。

当设备连接上以后，每个设备都拥有各自的 BluetoothSocket。现在你就可以实现设备之间数据的共享了。主要通过调用 getInputStream()和 getOutputStream()方法来获取输入输出流。然后通过调用 read(byte[]) 和 write(byte[]).方法来读取或者写数据。

注意：需要在 AndroidMainfest.xml 中加入操作权限，代码如下：

```
<uses-permission android:name="android.permission.BLUETOOTH_ADMIN" />
<uses-permission android:name="android.permission.BLUETOOTH" />
```

本章小结

通过本章学习，我们知道了 Android 系统中与网络通信的基本概念，了解了 Android 如何进行 HTTP 连接、HttpUrlConnection 类的使用、WebView 的使用和 GET 与 POST 方法的应用，也学习了蓝牙和 WiFi 通信知识，本章的重点在 WebView 的使用。

习题 10

1．HTTP 通信中，如何以 GET 方式发送 HTTP 请求？
2．使用蓝牙通信时，如何连接设备？
3．在 Android 中，提供了哪些与 WiFi 开发有关的类与接口？

第 11 章　定位与地图

- 了解位置服务的概念
- 掌握获取位置服务的方法
- 掌握 MapView 概念和使用方法
- 掌握 LocationManager 功能和使用方法

Android 系统支持 GPS 和网络地图（Map），通常将各种不同的定位技术称为 LBS。LBS 是基于位置的服务（Location Based Service）的简称，位置服务，又称定位服务或基于位置的服务，融合了 GPS 定位、移动通信、导航等多种技术，提供了与空间位置相关的综合应用服务。它是通过电信移动运营商的无线电通信网络（如 GSM 网、CDMA 网）或外部定位方式（如 GPS）获取移动终端用户的位置信息（地理坐标，或大地坐标），在地理信息系统（Geographic Information System，GIS）平台的支持下，为用户提供相应服务的一种增值业务。

11.1　Android 定位服务

Android 系统中提供了 android.location 包，可以使得 Android 应用访问设备支持的位置服务。该地理定位服务可以用来获取当前设备的地理位置。以经度、纬度及半径划定的一个区域，当设备出入该区域时，可以发出提醒信息。应用程序可以定时请求更新设备当前的地理定位信息。应用程序也可以借助一个 Intent 接收器来接收信息实现定位功能。

可以利用 android.location 包来访问设备中的定位服务。Location framework 的核心组件是 LocationManager 系统服务，该服务提供了确定位置的 APIs 和内置设备的方向。在 Android 系统中提供了几个定位功能的类：

（1）LocationManager：本类提供访问定位服务的功能，也提供获取最佳定位提供者的功能。另外，临近警报功能（前面所说的那种功能）也可以借助该类来实现。

（2）LocationProvider：该类是定位提供者的抽象类。定位提供者具备周期性报告设备地理位置的功能。

（3）LocationListener：提供定位信息发生改变时的回调功能。必须事先在定位管理器中注册监听器对象。

（4）Criteria：该类使得应用能够通过在 LocationProvider 中设置的属性来选择合适的定位提供者。

使用地图时，必须首先使用的功能就是确定自己的位置，在 Android 中确定自己的位置步骤如下：

（1）在注册文件中添加必要的权限。

（2）实例化位置管理器。

（3）选择服务提供商。

（4）实例化 LocationListener 类。

（5）监听位置信息变化。

1. 定位功能

在使用定位功能时，首先必须在注册文件中添加位置权限以及网络权限，代码如下：

```
<uses-library android:name="com.google.android.maps" />
<uses-permission android:name="android.permission.ACCESS_FINE_LOCATION" />
<uses-permission android:name="android.permission.ACCESS_COARSE _LOCATION" />
<uses-permission android:name="android.permission.INTERNET " />
```

2. LocationManager 位置管理器使用

LocationManager 是位置服务的核心组件，要想操作定位相关的设备，必须先定义一个 LocationManager，可以使用 getSystemService(Context.LOCATION_SERVICE)来获取一个实例。下面的代码创建一个 LocationManager 对象。

```
LocationManager LManager; //声明 LocationManager 对象
LManager = (LocationManager) getSystemService(Context.LOCATION_SERVICE);
//通过系统服务，取得 LocationManager 对象
```

在获取到 LocationManager 后，还需要指定 LocationManager 的定位方法，然后才能够调用 LocationManager。LocationManager 支持两种定位方式：GPS 定位与网络定位，见表 11.1。

表 11.1　LocationManager

LocationManager 类的静态常量	值	说明
GPS_PROVIDER	gps	使用 GPS 定位，利用卫星提供精确的位置信息，需要 android.permissions.ACCESS_FINE_LOCATION 用户权限
NETWORK_PROVIDER	network	使用网络定位，利用基站或 WiFi 提供近似的位置信息，需要具有如下权限：android.permission.ACCESS_COARSE_LOCATION 或 android.permission.ACCESS_FINE_LOCATION

3. 获得位置信息提供商

在指定 LocationManager 的定位方法后，则可以调用 getLastKnowLocation()方法获取当前的位置信息。通过 LocationManager 中可以获得时间、经纬度、海拔等信息，也可以通过 location 主动获取，代码如下：

```
Location location=locationManager.getLastKnownLocation(LocationManager.GPS_PROVIDER);
system.out.println("时间："+location.getTime());
system.out.println("经度："+location.getLongitude());
```

注意： Location location=new Location(LocationManager.GPS_PROVIDER)方式获取的 location 的各个参数值都是为 0。

下面的代码是以不同的方式获得位置信息：

```
//通过 GPS 位置提供器获得位置
String providerGPS = LocationManager.GPS_PROVIDER;
```

```
Location location = loctionManager.getLastKnownLocation(providerGPS);

//通过基站位置提供器获得位置
String providerNetwork = LocationManager.NETWORK_PROVIDER;
Location location = loctionManager.getLastKnownLocation(providerNetwork);

//使用标准集合，让系统自动选择可用的最佳位置提供器，提供位置
Criteria criteria = new Criteria();
criteria.setAccuracy(Criteria.ACCURACY_FINE);  //高精度
criteria.setAltitudeRequired(false);  //不要求海拔
criteria.setBearingRequired(false);  //不要求方位
criteria.setCostAllowed(true);       //允许有花费
criteria.setPowerRequirement(Criteria.POWER_LOW);  //低功耗
String provider = loctionManager.getBestProvider(criteria, true);  //从可用的位置提供器中，匹配以上
标准的最佳提供器
Location location = loctionManager.getLastKnownLocation(provider); // 获得最后一次变化的位置
```

4. LocationListener 位置监听器（用来监听位置变化）

上面我们获得了位置提供商的信息，也需要通过 LocationListener 来监听位置的变化，以便在地图上做出反应。表 11.2 是 LocationListener 常用方法列表。

表 11.2 LocationListener 常用方法

方法	说明
onLocationChanged(Location location)	位置改变时要进行的操作
onStatusChanged(String provider,int status,Bundle extras)	状态改变时要进行的操作
onProviderEnabled(String provider)	服务可用时进行的操作
onProviderDisable(String provider)	服务不可用时进行的操作

实现 LocationListener 时，需要重写它的几个方法。

5. 开始位置监听

以上步骤的实现，为我们开始位置监听做好了准备，通过 LocationManager 实现的代码如下：

```
Locationmanager.requestLocationUpdates(String provider, long minTime, float minDistance, LocationListener
listener)
```

String provider：字符串类型，位置提供商的名字。

long minTime：最小的更新时间。

float minDistance：最短的更新距离。

LocationListener listener：位置监听器。

11.2 Android 地图服务

Android 中提供了一组访问 Map 的 API，借助 Map 及定位 API，用户就能在地图上显示当前的地理位置。在 Android 中定义了一个名为 com.google.android.maps 的包，其中包含了一系列用于在 Map 上显示，控制和层叠信息的功能类，以下是该包中最重要的几个类：

（1）MapActivity：这个类是用于显示 Map 的 Activity 类，它需要连接底层网络。

（2）MapView：是用于显示地图的 View 组件，它必须和 MapActivity 配合使用。

（3）MapController：用于控制地图的移动。

（4）Overlay：这是一个可显示于地图之上的可绘制的对象。

（5）GeoPoint：一个包含经纬度位置的对象。

11.2.1　MapView 类

MapView 是一个 Android 的 View 对象，是 Android 平台提供的地图显示组件，通过它第三方的代码可以在手机屏幕上显示和控制 Google Map，也可以理解它是显示地图数据的容器。显示地图需要的数据来自于地图服务器。

MapView 具有呈现地图的能力，也可以通过它设置地图的显示范围，可以被旋转、分辨率等。同时 MapView 也提高丰富的监听接口。监听是否点击、双击、移动等操作。

MapView 继承 android.view.ViewGroup，当 MapView 控件获得焦点时，可以控制地图的移动和缩放。地图可以以不同的形式显示出来，如街景模式、卫星模式等，通过 setSatellite(Boolean)，setTraffic(Boolean)，setStreetView(Boolean)方法设置。

MapView 只能被 MapActivity 创建，主要是因为 MapView 需要后台线程来连接文件或网络，后台线程只能通过 MapActivity 管理。

MapView 类中常用方法：getController()，getOverlays()，setSatellito(Boolean)，setTraffic(Boolean)，setStreetView(Boolean)，setBuiltZoomControls(Boolean)等。setBuiltZoomControls(Boolean)用来设置是否在地图上显示缩放控件（Zoom）。

1. MapView 添加方式

有两种方式可以将 MapView 组件添加到应用程序中，一种是 XML 方式，另一种是硬编码方式，我们多采用 XML 方式。代码如下：

```
<com.google.android.maps.MapView
    android.id="@id/mapview"
    android.layout_width="fill_parent"
    android.layout_height="fill_parent"
/>
```

2. 地图缩放、旋转和坐标转换以及侦听函数

地图缩放是地图显示中最基本的概念，通过 MapView 可以进行地图的缩放，MapView 提供了多种缩放功能方式，代码如下：

```
map.setExtent(env);                                          //设置地图显示范围
map.setScale(29292876);                                      //设置显示比例尺
map.setResolution(9780.939624996);                           //设置当前分辨率
map.setMapBackground(0xffffff,Color.TRANSPARENT,0,0);        //设置地图背景
map.setAllowRotationByPinch(true);                           //是否允许使用 Pinch 方式旋转地图
map.setRotationAngle(15.0);                                  //设置旋转角度
```

对于地图的手势操作由 MapView 来管理，主要通过下面几种侦听方式完成：

地图单击侦听：OnSingleTapListener()

平移侦听：OnPanListener()

长按侦听：OnLongPressListen()

缩放侦听：OnZoomListener()
状态侦听：OnStatusChangedListener()
Pinch 侦听：OnPinchListener()

11.2.2 MapActivity

为了正常的显示地图视图，应用程序中用户定义的 Activity 组件必须有 MapActivity 实例。MapActivity 管理 Activity 的生命周期，MapView 建立及取消 Map Service 的连接。MapActivity 是一个抽象类，任何想要显示 MapView 的 Activity 都需要派生自 MapActivity。并且在其派生类的 onCreate()中，都要创建一个 MapView 实例，可以通过 MapViewconstructor（然后添加到 View 中，ViewGroup.addView(View)）或者通过 layout XML 来创建。其主要功能有：

（1）管理 Activity 的生命周期。
（2）为 MapView 类建立和撤消相关的服务。

11.2.3 Google 地图显示

Android 系统很容易与一些知名的地图提供商的地图整合提供服务，如 Google 地图、国内的百度地图等。使用 google 提供的地图服务有如下步骤：

1．安装 Google Map API

在默认情况下，在安装 Google Android SDK 时，是不需要必须安装 Google Map API 的。但要做 Map 应用的话，就必须安装 Google Map API。我们可以通过启动 Android SDK and AVD Manager 这个 SDK 管理器去下载安装 Google Map API。在启动 SDK 管理器后，选择“Installed Options”，去查看你已经安装了哪些 SDK 和是否已经安装 Google Map API，如果尚未安装的话，可以在 Available Packages 中查找并下载安装，如图 11-1 所示。

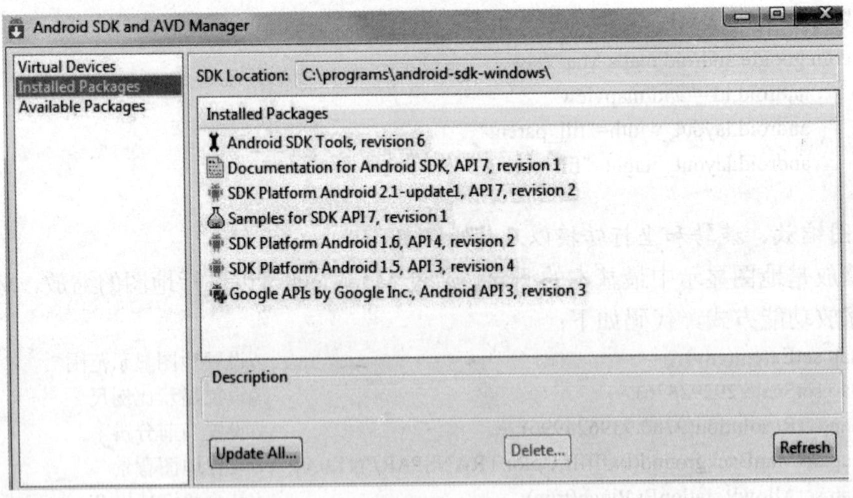

图 11-1

2．建立工程文件

在建立工程时将 com.google.android.maps 的扩展库添加到工程中，这样就可以使用 Google 地图的所有功能。添加 com.google.android.maps 扩展库的方式是在创建工程时，在 Build Target 项中选择 Google APIs，如图 11-2 所示。

Build Target

Target Name	Vendor	Platform	AP...
Android 1.1	Android Open Source Project	1.1	2
Android 1.5	Android Open Source Project	1.5	3
Google APIs	Google Inc.	1.5	3

Android + Google APIs

图 11-2

3. 申请 Google Maps API 密钥

要在 Android 中开发 Google Map 服务，需要申请 Google Maps API 密钥，过程如下：

（1）在本地获得 MD5 认证指纹：在 Windows DOS 状态下输入如下命令：

```
keytool -list -alias androiddebugkey -keystore "keystory 路径" -storepass android -keypass android
```

其中：androiddebugkey 表示 debugkey 别名；keystory 路径是 debugkey 的存放路径。在 Eclipse 中可以找到。

这样就可以生成指纹认证，如（48:35:92:1D:DE:BE:AF:B7:A1:54:6F:DE:44:52:71:89）

（2）在 Google 的 http://code.google.com/intl/zh-CN/android/maps-api-signup.html 中注册，获得密钥，如图 11-3 所示。

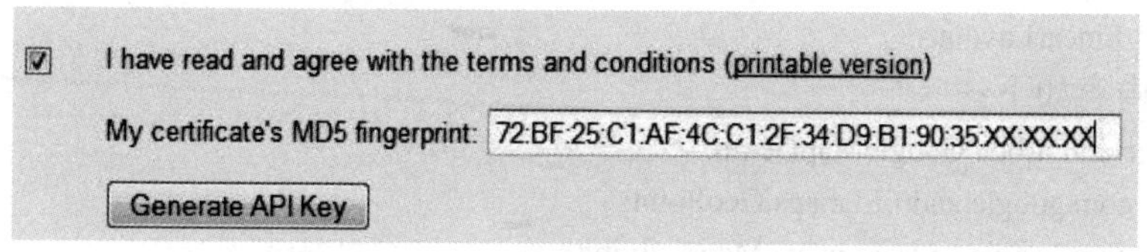

图 11-3

（3）单击 Generate API Key 按钮，生成 Google Maps API 密钥。如下示例：

填入你的认证指纹（MD5）即可获得 APIKey 了，结果显示如下：

感谢您注册 Android 地图 API 密钥！

您的密钥是：

0SWYOo4iEMu2e0rV0c3UzdixvVrgEY57mAOPKAQ

（4）在 MapView 中使用密钥。

创建工程后，修改/res/layout/main.xml 文件，在布局中加入一个 MapView 控件，并设置刚获取的“地图密钥”。

```
<com.google.android.maps.MapView
    android.id= " @id/mapview "
    android.layout_width= " fill_parent "
    android.layout_height= " fill_parent "
android:apiKey= " 0SWYOo4iEMu2e0rV0c3UzdixvVrgEY57mAOPKAQ "
/>
```

（5）通过 MapView 得到 MapController 对象。

MapView.getController()得到地图控制器，使用它可以对地图进行移动、定位、放大、缩小等操作。

4. 创建 Android Google map 应用

编写 Android Google map 应用，需要继承 MapActivity 类，在 Activity 中需要定义 MapView

控件。

【例 1】设置卫星显示地图方式。

main.xml 文件的完整代码如下：

```
<?xml version="1.0" encoding="utf-8"?>
<LinearLayout xmlns:android="http://schemas.android.com/apk/res/android"
    android:orientation="vertical"
    android:layout_width="fill_parent"
    android:layout_height="fill_parent">
    <TextView android:layout_width="fill_parent"
        android:layout_height="wrap_content"
        android:text="@string/hello"/>

    <com.google.android.maps.MapView
        android:id="@+id/mapview"
        android:layout_width="fill_parent"
        android:layout_height="fill_parent"
        android:enabled="true"
        android:clickable="true"
        android:apiKey="0mVK8GeO6WUz4S94z52CIGSSlvlTwnrE4DsiA"/>
</LinearLayout>
```

Java 代码内容如下：

```
package edu.hrbeu.GoogleMapDemo;
import com.google.android.maps.GeoPoint;
import com.google.android.maps.MapActivity;
import com.google.android.maps.MapController;
import com.google.android.maps.MapView;
import android.os.Bundle;

public class GoogleMapDemo extends MapActivity {
    private MapView mapView;
    private MapController mapController;
    @Override
    public void onCreate(Bundle savedInstanceState) {
        super.onCreate(savedInstanceState);
        setContentView(R.layout.main);
        mapView = (MapView)findViewById(R.id.mapview);
        mapController = mapView.getController();    //获取了 MapController
        Double lng = 126.676530486 * 1E6;    //设置经度
        Double lat = 45.7698895661 * 1E6;    //设置纬度
        GeoPoint point = new GeoPoint(lat.intValue(),lng.intValue());//转换坐标方式
        mapController.setCenter(point); //MapView 的显示中点
        mapController.setZoom(11);
        mapController.animateTo(point);
        mapView.setSatellite(true) //显示模式是否为卫星模式

    }
    @Override
```

```
        protected boolean isRouteDisplayed() {
            // TODO Auto-generated method stub
            return false; //是否显示在 Google 地图中显示路径信息，默认为不显示
        }
    }
```

布局中添加 MapView 控件，还不能够直接在程序中调用这个控件，还需要将程序本身设置成 MapActivity（com.google.android.maps.MapActivity）。MapActivity 类负责处理显示 Google 地图所需的生命周期和后台服务管理。

AndroidManifest.xml 配置文件中，加上对 Internet 和 Map 的使用访问权限。

```
AndroidManifest.xml
<?xmlversion="1.0"encoding="utf-8"?>
<manifestxmlns:android=http://schemas.android.com/apk/res/android
package="com.javacodegeeks.android.googlemaps"
android:versionCode="1"
android:versionName="1.0">
<applicationandroid:icon="@drawable/icon"
android:label="@string/app_name">
<activityandroid:name=".GMapsActivity"
android:label="@string/app_name">
<intent-filter>
<actionandroid:name="android.intent.action.MAIN"/>
<categoryandroid:name="android.intent.category.LAUNCHER"/>
</intent-filter>
</activity>
<uses-libraryandroid:name="com.google.android.maps"/>
</application>
<uses-permissionandroid:name="android.permission.INTERNET"/>
</manifest>
```

运行结果：卫星模式（如图 11-4）。

图 11-4

11.3 使用 Overlay

在地图中经常需要在获得焦点的地方显示一些注释信息，如提示用户现在的位置等，通过在 MapView 上添加覆盖层，可以在指定的位置加添加注解、绘制图像或处理进行鼠标事件等。Google 地图上可以加入多个覆盖层，所有覆盖层均都在地图图层之上，每个覆盖层均可以对用户的点击事件做出响应。在 Overlay 中使用到的类有：

- “画布”（Canvas）：在覆盖层绘制图形或文字需要使用“画布”（Canvas）来实现，Android 中提供了 android.graphics.Canvas 包，画布对象是 android.graphics.Canvas 的对象，在此对象上我们可以画出图像。通过 Overlay 提供的 draw()方法可以传递 Canvas 对象。
- Projection 类：提供了物理坐标和屏幕坐标的转换功能，可在经度和纬度表示的 GeoPoint 点和屏幕上 Point 点进行转换：
  - toPixels()方法将物理坐标转换为屏幕坐标。
  - fromPixels()方法将屏幕坐标转换为物理坐标。

```
Projection projection = mapView.getProjection();
projection.toPixels(geoPoint, point);
projection.fromPixels(point.x, point.y);
```

在程序中要使用 Overlay，需要继承 Overlay 类的子类，并通过重载 draw()方法为指定位置添加注解，重载 onTap()方法处理用户的点击操作。使用步骤如下：

（1）实现位置投影。将 GeoPoint 点转换成屏幕上 Point 点进行转换。

（2）创建图形对象和颜色。

（3）在画布上将图形画出来。

【例 2】建立 OverlayDemo 的方法示例。

建立覆盖层 OverlayDemo 代码如下：

```
public class OverlayDemo extends Overlay {
        private final int mRadius = 5; //定义绘制半径变量 mRadius，供定义绘制范围使用

        @Override
        public void draw(Canvas canvas, MapView mapView, boolean shadow) {
                Projection projection = mapView.getProjection();
if (shadow == false){
                Double lng = 126.676530486 * 1E6;
                Double lat = 45.7698895661 * 1E6;
                GeoPoint geoPoint = new GeoPoint(lat.intValue(), lng.intValue());

                Point point = new Point();
                projection.toPixels(geoPoint, point); //物理坐标到屏幕坐标的转换
                RectF oval = new RectF(point.x - mRadius, point.y - mRadius,
                point.x + mRadius, point.y + mRadius); //设定标记点的大小

                Paint paint = new Paint();
```

```
            paint.setARGB(250, 250, 0, 0);//设置绘制颜色
            paint.setAntiAlias(true);
            paint.setFakeBoldText(true);
            canvas.drawOval(oval, paint);//设置标记点
            canvas.drawText("标记点", point.x+2*mRadius, point.y, paint);
                }
                super.draw(canvas, mapView, shadow);
        }

        @Override
        public boolean onTap(GeoPoint p, MapView mapView) {
            return false;
        }
}
```

建立了覆盖层后，还需要把覆盖层添加到 MapView 上，代码如下：

```
public class MapOverlayDemo extends MapActivity {
        private MapView mapView;
        private MapController mapController;
        private TextOverlay textOverlay;

        @Override
        public void onCreate(Bundle savedInstanceState)    {
            super.onCreate(savedInstanceState);
            setContentView(R.layout.main);
            mapView = (MapView)findViewById(R.id.mapview);
            mapController = mapView.getController();

            Double lng = 126.676530486 * 1E6;
            Double lat = 45.7698895661 * 1E6;
            GeoPoint point = new GeoPoint(lat.intValue(), lng.intValue());

            mapController.setCenter(point);
            mapController.setZoom(11);
            mapController.animateTo(point);

            textOverlay = new TextOverlay();
            List<Overlay> overlays = mapView.getOverlays();
            overlays.add(textOverlay);
}

        @Override
        protected boolean isRouteDisplayed() {
            return false;
        }
}
```

本章小结

本章中讲解了Android中地图开发的相关知识，包括地图显示、位置获取以及在开发地图程序中需要用到的一些类的简单讲解，需要知道Google Map API密钥申请。

习题11

1. 结合实际，预测位置服务与地图应用的发展趋势。
2. 在Android系统中提供了哪些定位功能的类？
3. 使用地图时，如何在Android中确定自己的位置？
4. 在Android中，包com.google.android.maps有哪些重要的类？

第 12 章　多媒体应用

本章学习目标

- 熟练掌握 Android 多媒体中相关媒体类的用法
- 掌握媒体的录制过程
- 掌握媒体的播放过程
- 掌握 Camar 用法

12.1　Android 多媒体功能

多媒体应用在 Android 系统中也有相应的技术支持。Android 平台提供了一个专门处理多媒体应用接口的媒体包 android.media，主要用来处理与多媒体应用相关的音频和视频的处理。android.media 包中主要包含了以下几个部分的内容：

- 媒体播放
- 媒体录制
- 媒体扫描

通过调用 Android 的 API 可以实现播放器、录音、摄像、相册等媒体的应用。

同时，Android 中的硬件包（android.hardware）提供了用于访问相机服务的工具类，在部件包（android.widget）中提供了视频视图组件。其中比较重要的类/接口如表 12.1、表 12.2、表 12.3 所示。

表 12.1　android.medi 包中重要的类/接口

类/接口	说明
MediaPlayer	音频或视频文件及流媒体播放
MediaRecorder	录制音频或视频
AudioManager	管理音量及响应模式控制
AudioRecorder	管理音频信息

表 12.2　android.hardware 包中与多媒体相关的类/接口

Camera	连接、断开摄像头服务
Camera.PictureCallBack	获得照片时调用
Camera.PreviewCallBack	预览时调用
Camera.ShutterCallBack	快门关闭时调用

表 12.3 android.widget 包中与多媒体相关的类/接口

VideoView	视频视图，用于播放视频文件
MediaController	媒体播放控制面板

12.2 MediaRecorder 与 MediaPlayer 类介绍

Android 系统中的 MediaPlayer 类主要用来播放视频、音频、流媒体，包含 Audio 与 Vidio 播放。MediaPlayer 类中提供了一些方法函数，见表 12.4。

表 12.4 MediaPlayer 类的主要方法说明

方法	方法说明
MediaRecorder	构造方法，用来构造一个 MediaRecorder 对象
final create()	创建多媒体播放器
public void setDataSource (String path)	从指定的装载 path 路径所代表的文件
public void setDataSource (FileDescriptor fd, long offset, long length)	指定装载 fd 所代表的文件中从 offset 开始、长度为 length 的文件内容
public void setDataSource (FileDescriptor fd)	指定装载 fd 所代表的文件
public void setDataSource (Context context, Uri uri)	指定装载 uri 所代表的文件
public void setDataSource (Context context, Uri uri, Map<String, String> headers)	指定装载 uri 所代表的文件
public void setDataSource (String path)	从指定的装载 path 路径所代表的文件
Int getCurrentPosition()	得到当前播放位置
int getDuration()	获得播放文件的时间长度
Boolean isLooping()	是否循环播放
void pause()	暂停
Boolean isPlaying()	是否正在播放视频
void start()	开始
void stop()	停止
void setVolume()	设置音量
void prepare()	准备同步
void prepareAsync()	准备异步
void reset()	重置
void setDataSource()	设置数据来源
void setOnBufferingUpdateListener	设置监听事件，网络流媒体的缓冲监听
void setOnCompletionListener	网络流媒体的结束监听

MediaRecorder 类用来进行媒体采样，包括音频和视频。MediaRecorder 作为状态机运行，

需要设置不同的参数，比如媒体源以及媒体格式。设置后，可执行媒体录制，直到用户停止，见表 12.5。

表 12.5　MediaRecorder 常用的方法及说明

方法	方法说明
MediaRecorder	构造方法，用来构造一个 MediaRecorder 对象
void Prepare()	准备录音机
void Start()	开始录制
void Stop()	停止录制
void Release()	释放 MediaRecorder 对象
void Reset()	重置 MediaRecorder 对象使其为空闲状态
void setAudioEncoder()	设置音频编码
void setAudioSource()	设置音频源
void setMaxDuration()	设置最大期限
void setMaxFileSize()	设置文件的最大尺寸
void setOutputFile()	设置输出文件
void setOutputFormat()	设置输出文件的格式
void setPreviewDisplay()	设置预览
void setVideoEncoder()	设置视频编码
void setVideoFrameRate()	设置视频帧的频率
void setVideoSize()	设置视频的宽度和高度
setVideoSource	设置视频源

12.3　录制音频（Audio）文件

录制音频文件，可以使用 AudioRecorder 类提供的一些功能，AudioRecorder 设置步骤相对简单，因为在获得其对象的过程中已经传递了相关参数，本身需要设置的参数比较少。具体步骤如下：

（1）获得 AudioRecorder 对象。录制音频的第一步，获得 AudioRecorder 实例对象，可以通过 new()函数实例化一个音频对象，代码如下：

```
AudioRecord audioRecord=new AudioRecord();
```

（2）通过 AudioRecord 对象的 setAudioSource()方法设置录音的来源：MediaRecorder.AudioSource 这个内部类详细介绍了声音来源。该类中有许多音频来源，一种是 SD 卡中的音乐，一种是项目中的音频文件（通常在游戏开发中使用），还一种是网络中的音频文件。设置手机麦克风的代码如下：

```
MediaRecorder.AudioSource.MIC recorder.setAudioSource (MediaRecorder.AudioSource.MIC);
```

（3）通过 audioRecord 对象的 setoutputFormat()方法设置文件输出格式，该语句必须在 setAudioSource()之后，在 prepare()之前。OutputFormat 内部类，定义了音频输出的格式，主要包含 MPEG_4、THREE_GPP、RAW_AMR 等。代码如下：

```
recorder.setOutputFormat(MediaRecorder.OutputFormat.THREE_GPP);
```

（4）通过 audioRecord 对象的 setAudioEncoder()、setAudioEncodingBitRate(int bitRate)、setAudioAudioSamling(int samplingRate)设置所录制的声音的编码格式、编码位率、采样率。

（5）设置音频文件保存路径。

```
recorder.setOutputFile(PATH_NAME);
```

（6）调用 audioRecord 对象 prepare()开始准备录制。

```
audioRecord.prepare();
```

（7）开始录制。

```
audioRecord.start();
...
```

（8）停止录制。

```
audioRecord.stop();
```

（9）重置。

```
audioRecord.reset();
```

（10）释放资源。

```
audioRecord.release();
```

记住：在 AndroidManifest.xml 文件中需要添加使用记录音频的权限，代码如下：

```
<uses-permission android:name="android.permission.RECORD_AUDIO" />
```

【例 1】设置两个按钮，一个是录音按钮，一个是停止按钮。点击录音按钮开始录音

Java 文件中部分关键代码：

```
package com.audiodemo.recordsound;
import java.io.File;
import android.app.Activity;
import android.media.MediaRecorder;
… 省略部分导入类

public class RecordSoundDemo extends Activity implements
        OnClickListener {   //设置按钮监听事件
    private ImageButton btnStart;
    private ImageButton btnStop;

    private MediaRecorder mediaRecorder;

    private File soundFile;

    public void onCreate(Bundle savedInstanceState) {
        super.onCreate(savedInstanceState);
        setContentView(R.layout.main);

        btnStart = (ImageButton) this.findViewById(R.id.btnStart);
        btnStop = (ImageButton) this.findViewById(R.id.btnStop);
```

```
        btnStart.setOnClickListener(this);
        btnStop.setOnClickListener(this);

    }

    @Override
    public void onClick(View v) {

        switch (v.getId()) {
        case R.id.btnStart:
            //先检测下是否含有 SDCard
            if (!Environment.getExternalStorageState().equals(
                    Environment.MEDIA_MOUNTED)) {
                Toast.makeText(RecordSoundDemoActivity.this, "SD 卡不存在，请插入 SD 卡"
                Toast.LENGTH_LONG).show();
                return;
            }

            try {    //实例化对象
              mediaRecorder = new MediaRecorder();

              //创建音频输出的文件路径
              soundFile = new File(Environment.getExternalStorageDirectory()
                          .getCanonicalPath() + File.separator + "sound.3gp");

                //设置录音的来源为麦克风方式
                mediaRecorder.setAudioSource(MediaRecorder.AudioSource.MIC);

                //设置录制的声音输出格式
                mediaRecorder
                        .setOutputFormat(MediaRecorder.OutputFormat.THREE_GPP);

                //设置声音的编码格式
                mediaRecorder
                        .setAudioEncoder(MediaRecorder.AudioEncoder.AMR_NB);
                //设置录音的输出文件路径
                mediaRecorder.setOutputFile(soundFile.getAbsolutePath());

                //做预期准备
                mediaRecorder.prepare();

                //开始录音
                mediaRecorder.start();

            } catch (Exception e) {
```

```
                //异常处理
            }
            break;
            …
        }
    }
```

12.4 使用MediaPlayer播放音频（Audio）

在Android中播放音频文件比较简单。播放音频，主要根据音频文件来源，可以是外部存储上的音频资源文件（sdcard），也可以是网络上的音频文件，可以是assets目录中的文件。

1. 播放assets目录中音频文件过程

（1）通过Context.getAssets()方法获得AssetManager对象。

（2）通过AssetManager对象的openFd(String name)方法打开指定的原生资源文件夹，返回一个AssetFileDescriptor对象。

（3）通过AssetFileDescriptor的getFileDescriptor()得到一个FileDescriptor对象。

（4）通过public void setDataSource (FileDescriptor fd, long offset, long length)来创建MediaPlayer对象。

（5）调用MediaPlayer.prepare()方法准备音频。

（6）调用MediaPlayer的start()、pause()、stop()等方法控制。

代码如下：

```
AssetFileDescriptor fileDescriptor = assetManager.openFd("a2.mp3");
            mediaPlayer = new MediaPlayer();   // 实例化对象
            mediaPlayer.setDataSource(fileDescriptor.getFileDescriptor(),
fileDescriptor.getStartOffset(),fileDescriptor.getLength()); //设置数据来源参数
            mediaPlayer.prepare();
              mediaPlayer.start();
```

2. 播放外部存储上的音频资源文件（sdcard）过程

（1）创建MediaPlayer对象，通过MediaPlayer对象的setDataSource(Stringpath)方法装载预定的音频文件。

（2）调用MediaPlayer对象的prepare()方法准备音频。

（3）调用MediaPlayer的start()、pause()、stop()等方法控制。

代码如下：

```
mediaPlayer = new MediaPlayer();
mediaPlayer.setDataSource("/mnt/sdcard/a3.mp3");   /mnt
mediaPlayer.prepare();   //准备播放
mediaPlayer.start();      //开始播放
```

3. 播放网络上的音频文件过程

（1）根据网络上的地址创建Uri对象。

（2）通过public void setDataSource (Context context, Uri uri)设置音频来源装载音频文件。

（3）调用MediaPlayer对象的prepare()方法准备音频。

（4）调用 MediaPlayer 的 start()、pause()、stop()等方法控制。

代码如下：

```
mediaPlayer = new MediaPlayer();
Uri uri = Uri.parse("http:// 网络音频文件的地址"); //通过 Uri 解析一个网络中的音频文件地址
mediaPlayer.setDataSource(MediaPlayerDemoActivity.this, uri);
mediaPlayer.prepare();
mediaPlayer.start();
```

4. 播放/res/raw 目录中的一个文件过程

（1）把需要播放的音频文件放置在/res/raw 中，例如文件名为 sound1.wav。

（2）实例化一个对象。

（3）开始播放。

代码如下：

```
MediaPlayer    mediaPlayer = MediaPlayer.create(Activity.this, R.raw. sound1.wav);
mediaPlayer.prepare();
mediaPlayer.start();
```

12.5 录制视频 Video 文件

在大多数的开发中，开发者使用 MediaRecorder 录制声音文件。因为它使用非常方便，简单而又安全，可以满足大部分开发需求。通过 MediaRecorder 类的相关方法可以录制视频保存成为 MPEG4、H.263 和 H.264 编码的视频，要使用 MediaRecorder 对象需要如下几个步骤：

（1）实例化一个 MediaRecorder 对象。

```
recorder=new MediaRecorder();
```

（2）设置采集设备。

```
recorder.setVideoSource(MediaRecorder.VideoSource.CAMERA);这里设置视频源为相机，
```

（3）设置录制格式。

```
recorder.setOutputFormat(MediaRecorder.OutputFormat.THREE_GPP);//设置录制完成后视频的封装格式 THREE_GPP 为 3gp.MPEG_4 为 mp4。
```

（4）设置文件输出格式。

```
//设置录制的视频编码 h263 h264
recorder.setVideoEncoder(MediaRecorder.VideoEncoder.H264);
//设置视频录制的分辨率。必须放在设置编码和格式的后面，否则报错
recorder.setVideoSize(176, 144);
//设置录制的视频帧率。必须放在设置编码和格式的后面，否则报错
recorder.setVideoFrameRate(20);
recorder.setPreviewDisplay(surfaceHolder.getSurface());
```

（5）设置输出目标文件。

```
recorder.setOutputFile("/sdcard/love.3gp");    //设置视频文件输出的路径
```

（6）准备录制。

```
recorder.prepare(); //准备录制
```

（7）开始录制。

```
recorder.start(); //开始录制
```

（8）停止录制。

```
recorder.stop();
```

（9）释放资源。

```
recorder.release();
```

12.6 播放 Video 文件

在Android中，一般使用MediaPlayer类来播放音频。MediaPlayer需要使用一个SurfaceView作为输出设备。

要使用 MediaPlayer 对象需要如下几个步骤：

（1）实例化一个 MediaPlayer 对象。

（2）设置数据源。

（3）准备播放。

（4）开始播放。

（5）停止播放。

（6）释放资源。

1. 实例化 MediaPlayer 对象

通过 new MediaPlayer()方法获得一个 MediaPlayer 对象，以便对其进行设置和操作。

```
new MediaPlayer();
```

2. 设置数据源

有了 mediaPlayer 对象后，就可以开始播放音频了。在播放前我们要设置要播放的目标文件，也就是提供给 MediaPlayer 数据源，方法如下：

```
SetDataSource(filePath);
```

参数可以是一个有效的文件对象或者文件的有效路径。

3. 准备播放

同使用 MediaRecorder 一样，需要对其状态进行设置，要开始播放必须先通知其进入准备状态，方法很简单只需调用：

```
Prepare();
```

4. 开始播放

```
Start();
```

5. 停止播放

注意内存的使用时编程的一个好习惯，每个类在你可以手动释放资源的时候千万不要忘记手动释放资源，当然如果无法手工释放资源，那只能指望 GC（垃圾回收）能帮你及时清理了：

```
Stop();
```

6. 释放资源

```
Release();
```

12.7 相机功能

Android 系统支持相机功能，相机的功能一般有照相和录像。在应用程序开发中可以捕获图像和视频。

Android 框架支持通过 CameraAPI 或 Cameraintent 来抓取图像和视频。一些与相机相关的类如表 12.6 所示。

表 12.6　常见相机的相关类

Camera	用于连接/断开摄像头服务、设置相关参数、启动/停止预览等
Camera.PictureCallback	获得照片时回调
Camera.PreviewCallback	预览时回调
Camera.ShutterCallback	快门关闭时回调

Camera：此类是控制设备相机的主要 API。此类用于在创建相机应用时获取图片和视频。Android SDK 提供了 android.hardware.Camera 类对摄像头进行操作，使用它，开发人员可以很方便地完成拍照的功能。Camera 类可以通过 open()方法打开相机，相关的一些相机函数如表 12.7 所示。

表 12.7　与相机相关的函数

方法	说明
autoFocus()	设置自动对焦
getParameters()	得到相机参数
open()	启动相机服务
release()	释放相机服务
setParameters()	设置相机参数
setPreviewDisplay()	设置预览
startPreview()	开始预览
stopPreview()	停止预览
takePicture()	照相

SurfaceView：此类为用户提供 Camera 的实时图像预览控件。SurfaceView 是视图（View）的继承类，这个视图里内嵌了一个专门用于绘制的 Surface。通过控制这个 Surface 的格式和尺寸，SurfaceView 可以控制这个 Surface 在屏幕上的位置。这样摄像头捕捉到的画面显示在该区域内。通过 SurfaceView 设置相机预览需要的各种参数。

创建一个 SurfaceView 的过程如下：

（1）在 xml 布局文件中增加代码：

```
<SurfaceView
android:id="@+id/view1"
android:layout_width="10dip"
android:layout_height="1"
/>
```

（2）在 Java 代码中获得其操作对象：

```
SurfaceView surfaceview = (SurfaceView)findViewById(R.id.view1);
```

（3）通过 SurfaceView 的函数 getHolder()得到 SurfaceHolder 对象：

```
holder = surfaceview.getHolder();
```

（4）为 SurfaceHolder 添加回调接口：主要实现三个函数，分别是在 SurfaceView 被创建、改变或销毁时将完成的动作。

```
@Override
public void surfaceChanged(SurfaceHolder arg0, int arg1, int arg2, int arg3)
{
}
@Override
public void surfaceCreated(SurfaceHolder arg0)
{
}

@Override
public void surfaceDestroyed(SurfaceHolder arg0)
{
}
```

（5）为 SurfaceHolder 设置类型：

```
Holder.setType(SurfaceHolder.SURFACE_TYPE_PUSH_BUFFERS);
```

其中参数表示预览的数据格式，参数设置有：

- 参数设置为 SurfaceHolder.SURFACE_TYPE_PUSH_BUFFERS，表示该 Surface 不包含原生的数据，它的数据由其他对象提供。
- SURFACE_TYPE_NORMAL：普通类型，通过 RAM 缓存原生数据。
- SURFACE_TYPE_HARDWARE：硬件类型，适用于 DMA（Direct Memory Access）引擎和硬件加速。
- SURFACE_TYPE_GPU：图形处理器（Graphic Processing Unit）类型，适用于 GPU 加速。

下面介绍相机的照片拍摄过程。

相机的功能可以录制图像和拍摄照片，相机拍摄照片有两种方式：用户代码编程控制和调用系统的功能。用户代码控制需要使用到 Camera 类及相关回调函数。调用系统功能可以通过 Intent 的使用完成。下面讨论通过代码如何实现相机拍摄。

拍照过程分为两个过程：拍摄预览和拍照。下面介绍具体步骤。

（1）实例化一个相机对象。

使用 Camera 类提供的接口，程序员可以获取当前设备中相机服务的接口，通过连接相机提供的接口实现图像的预览和拍照。

通过 Camera 类的 open 方法可以获取一个相机的接口，实例化一个 Camera 对象，示例代码如下：

```
Camera Camera= Camera.open()
```

（2）使用 getParameters()获取相关的配置参数。

```
Camera.Parameters param = camera.getParameters();
```

（3）如果有必要的话，可以重新配置相机特性参数，修改返回的 Camera.Parameters 对象并调用 setParameters(Camera.Parameters)。

（4）传递完全初始化的 SurfaceHolder 给 setPreviewDisplay (SurfaceHolder)。如果没有一个屏幕控件 Surface 的话，相机将无法启动预览。

```
Camera.setPreviewDisplay(SurfaceHolder holder)
```

（5）图像预处理。通过相机接口提供的方法 setPreviewDisplay 可以设置预览将获得图像的相关设置，当调整预览内容后，通过方法 setPreviewCallback 对预览的内容进行回调处理。

在这个过程中，当相关设置完成后，就可以通过 startPreview 和 stopPreview 启动或停止预览。

```
Camera.startPreview();
Camera.stopPreview();
```

（6）图形获得。一旦图像预览满意后，通过调用相机的 takePicture()方法进行拍照。takePicture 方法有三个参数，第一个是关闭快门时的回调接口；第二、三参数是获得图像时的回调接口；区别是第二个参数指定的数据是照片的原式数据，第三个参数指定的回调函数中传回的数据内容是已经按照 JPEG 格式进行编码的数据。

通过快门事件的回调函数，开发者可以处理快门关闭后的数据，也可以通过图片事件的回调函数处理获得的图片数据。例如保存到本地存储、数据压缩等。

```
Camera.takePicture(ShutterCallback shutter,PictureCallback raw, PictureCallback jpeg);
```

（7）停止使用相机。停止相机通过方法 release 可以断开与相机的连接，并释放与该相机接口相关的资源，实例代码如下：

```
Camera.release();
```

注意：*在应用中如果要使用摄像头，需要在 AndroidManifest.xml 中增加以下代码允许使用相机及相机功能：*

```
<uses-permission android:name="android.permission.CAMERA"/>
<uses-feature android:name="android.hardware.camera"/>
<uses-feature android:name="android.hardware.autofocus"/>
<uses-feature android:name="android.hardware.flash"/>
```

这是授权使用代码，没有此授权代码，程序会报错。

【例 2】设计一款照相机软件，能完成预览并照相。

布局文件 main.xml 代码：

```
<?xml version="1.0" encoding="utf-8"?>
<LinearLayout xmlns:android="http://schemas.android.com/apk/res/android"
    android:orientation="horizontal"
    android:layout_width="fill_parent"
    android:layout_height="fill_parent"
    >
  <SurfaceView   //定义摄像头屏幕控件
        android:id="@+id/view1"
        android:layout_width="10dip"
        android:layout_height="1"
        />
    </LinearLayout>
```

Java 代码（部分）：

```
package com.android.Camera;

import java.io.IOException;
import android.app.Activity;
import android.graphics.PixelFormat;
import android.hardware.Camera;
import android.os.Bundle;
import android.util.Log;
import android.view.SurfaceHolder;
import android.view.SurfaceView;
import android.view.Window;
import android.view.WindowManager;

public class CameraActivity extends Activity implements SurfaceHolder.Callback   {
    private static final String TAG="CameraActivity";
    private Camera mCamera;
    private SurfaceView mSurfaceView;
    private SurfaceHolder Holder;
    private boolean mPreviewRunning = false;

   @Override
   public void onCreate(Bundle savedInstanceState) {
       super.onCreate(savedInstanceState);
   ......
       setContentView(R.layout.main);    //设定 Activity 的布局
   mSurfaceView = (SurfaceView) findViewById(R.id.view1);   //实例化控件。
       mSurfaceHolder = mSurfaceView.getHolder();        //SurfaceView 中获得了 holder
       mSurfaceHolder.addCallback(this);         //并增加 callback 功能到 this，这意味着我们的操
                                                   作（Activity）将可以管理这个 SurfaceView。

       mSurfaceHolder.setType(SurfaceHolder.SURFACE_TYPE_PUSH_BUFFERS);
   }


    @Override
    public void surfaceCreated(SurfaceHolder Holder) {

        mCamera = Camera.open();          //打开摄像头
        mCamera.setPreviewDisplay(Holder);   //调用预览
    }

    @Override
    /*该方法让摄像头做好拍照准备，设定它的参数，并开始在 Android 屏幕中启动预览画面*/
    public void surfaceChanged(SurfaceHolder Holder, int format, int width,
            int height) {
        // TODO Auto-generated method stub
```

```
            Log.i(TAG, "调用了 CameraActivity 的 surfaceChanged 方法");
            if(mPreviewRunning) {
                mCamera.stopPreview();
            }
            Camera.Parameters p = mCamera.getParameters();
            p.setPreviewSize(width, height);
            mCamera.setParameters(p);
            try {
                mCamera.setPreviewDisplay(holder);
            } catch (IOException e) {
                e.printStackTrace();
            }
            mCamera.startPreview();
            mPreviewRunning = true;
        }

        @Override
        /*停止摄像头，并释放相关的资源*/

        public void surfaceDestroyed(SurfaceHolder holder) {
            // TODO Auto-generated method stub
            Log.i(TAG, "调用了 CameraActivity 的 surfaceDestroyed 方法");
            mCamera.stopPreview();
            mPreviewRunning = false;
            mCamera.release();

        }


    }
```

本章学习有关 Android 多媒体的基本知识，MediaRecorder 和 MediaPlayer 的使用，学习了 AudioRecord 和 AudioTrack 类，进行音频数据的处理。本章的重点是各个类的参数设置和各个参数的意义，难点是播放器或录制器的状态控制。

1．制作简单视频播发器，实现播放、暂停、停止功能。
2．制作简单的摄像机，可以预览与照相。

第 13 章　实用功能开发

- 掌握实用功能开发过程
- 能知道如何综合应用

13.1　自制简易的视屏播放器

使用 MediaPlayer 类和布局 SurfaceView 实现简易的播放器。项目建立过程略过，主要程序代码如下：

（1）首先 main.xml 布局文件描述：线性布局，布局一个 SurfaceView 控件。

```
<?xml version="1.0" encoding="utf-8"?>
<LinearLayout
xmlns:android="http://schemas.android.com/apk/res/android"
android:orientation="vertical"
android:layout_width="fill_parent"
android:layout_height="fill_parent"
android:id="@+id/MainView"
>
<SurfaceView
android:id="@+id/SurfaceView"
android:layout_height="wrap_content"□
android:layout_width="wrap_content">
</SurfaceView>
</LinearLayout>
```

（2）videoplayercustom.java 主程序内容。

```
package com.videoplayercustom;
import java.io.IOException;
import android.app.Activity;
import android.os.Bundle;
import android.os.Environment;
import android.util.Log;
import android.view.Display;
import android.widget.LinearLayout;
```

下面的包引入 MediaPlayer 及其内部重要的一些子类：

```
import android.media.MediaPlayer;
import android.media.MediaPlayer.OnCompletionListener;
```

```
import android.media.MediaPlayer.OnErrorListener;
import android.media.MediaPlayer.OnInfoListener;
import android.media.MediaPlayer.OnPreparedListener;
import android.media.MediaPlayer.OnSeekCompleteListener;
import android.media.MediaPlayer.OnVideoSizeChangedListener;
// SurfaceHolder 和 SurfaceView 将用来实现视频
import android.view.SurfaceHolder;
import android.view.SurfaceView;
/*在活动中我们将侦听所有 MediaPlayer 状态变化以及 SurfaceHolder.Callback 接口，
SurfaceHolder.Callback 接口可以把改变通知到一个 SurfaceView 控件里*/

public class CustomVideoPlayer extends Activity
implements OnCompletionListener, OnErrorListener, OnInfoListener,
OnPreparedListener, OnSeekCompleteListener, OnVideoSizeChangedListener,
SurfaceHolder.Callback
{
Display currentDisplay;
SurfaceView surfaceView;
SurfaceHolder surfaceHolder;
MediaPlayer mediaPlayer; //使用 MediaPlayer 对象完成视频播放
int videoWidth = 0;
int videoHeight = 0;
boolean readyToPlay = false;
        public final static String LOGTAG = "CUSTOM_VIDEO_PLAYER";

@Override
public void onCreate(Bundle savedInstanceState) {
        super.onCreate(savedInstanceState);
        setContentView(R.layout.main);

surfaceView = (SurfaceView) this.findViewById(R.id.SurfaceView);
surfaceHolder = surfaceView.getHolder();

//为实现 SurfaceHolder.Callback 回调函数，需要为回调设置侦听器
surfaceHolder.addCallback(this);
//设置 surfaceHolder 类型
surfaceHolder.setType(SurfaceHolder.SURFACE_TYPE_PUSH_BUFFERS);
//实例化 MediaPlayer 对象，设置状态为“idle”
mediaPlayer = new MediaPlayer();
//为各种事件设置监听
mediaPlayer.setOnCompletionListener(this);
mediaPlayer.setOnErrorListener(this);
mediaPlayer.setOnInfoListener(this);
mediaPlayer.setOnPreparedListener(this);
mediaPlayer.setOnSeekCompleteListener(this);
mediaPlayer.setOnVideoSizeChangedListener(this);
```

```
String filePath = Environment.getExternalStorageDirectory().getPath() + "/Test.m4v";
//设置将要播放的文件
//下面代码设置各种异常处理
try {
    mediaPlayer.setDataSource(filePath);
            } catch (IllegalArgumentException e){
    Log.v(LOGTAG,e.getMessage());
    finish();
            } catch (IllegalStateException e){
                Log.v(LOGTAG,e.getMessage());
                finish();
                } catch (IOException e) {
            Log.v(LOGTAG,e.getMessage());
            finish();
                }
currentDisplay = getWindowManager().getDefaultDisplay();}

public void surfaceCreated(SurfaceHolder holder) {
Log.v(LOGTAG,"surfaceCreated Called");
//创建了 Surface 后，使用 SetDisplay 方法播放
mediaPlayer.setDisplay(holder);
//指定界面后，开始准备
try {
mediaPlayer.prepare();
} catch (IllegalStateException e) {
Log.v(LOGTAG,e.getMessage());
finish();
} catch (IOException e) {
Log.v(LOGTAG,e.getMessage());
finish();
}
}
//函数实现 Surface 的不同阶段功能
public void surfaceChanged(SurfaceHolder holder, int format, int width, int height){
Log.v(LOGTAG,"surfaceChanged Called");
}

public void surfaceDestroyed(SurfaceHolder holder) {
Log.v(LOGTAG,"surfaceDestroyed Called");
}
public void onCompletion(MediaPlayer mp) {
Log.v(LOGTAG,"onCompletion Called");
finish();
}

public boolean onError(MediaPlayer mp, int whatError, int extra) {
```

```
Log.v(LOGTAG,"onError Called");
if (whatError == MediaPlayer.MEDIA_ERROR_SERVER_DIED) {
Log.v(LOGTAG,"Media Error " + extra);
} else if (whatError == MediaPlayer.MEDIA_ERROR_UNKNOWN) {
Log.v(LOGTAG,"Media Error, Error Unknown " + extra);
}
return false;
}

public boolean onInfo(MediaPlayer mp, int whatInfo, int extra) {
if (whatInfo == MediaPlayer.MEDIA_INFO_BAD_INTERLEAVING) {
Log.v(LOGTAG,"Media Info, Media Info Bad Interleaving " + extra);
} else if (whatInfo == MediaPlayer.MEDIA_INFO_NOT_SEEKABLE) {
Log.v(LOGTAG,"Media Info, Media Info Not Seekable " + extra);
} else if (whatInfo == MediaPlayer.MEDIA_INFO_UNKNOWN) {
Log.v(LOGTAG,"Media Info, Media Info Unknown " + extra);
} else if (whatInfo == MediaPlayer.MEDIA_INFO_VIDEO_TRACK_LAGGING) {
Log.v(LOGTAG,"MediaInfo, Media Info Video Track Lagging " + extra);

} else if (whatInfo == MediaPlayer.MEDIA_INFO_METADATA_UPDATE) {
Log.v(LOGTAG,"MediaInfo, Media Info Metadata Update " + extra);
}
return false;
}
//准备播放
public void onPrepared(MediaPlayer mp) {
Log.v(LOGTAG,"onPrepared Called");
videoWidth = mp.getVideoWidth();
videoHeight = mp.getVideoHeight();
if (videoWidth > currentDisplay.getWidth() ||videoHeight > currentDisplay.getHeight())
{
float heightRatio = (float)videoHeight/(float)currentDisplay.getHeight();
float widthRatio = (float)videoWidth/(float)currentDisplay.getWidth();
if (heightRatio > 1 || widthRatio > 1)
{
if (heightRatio > widthRatio) {
videoHeight = (int)Math.ceil((float)videoHeight/(float)heightRatio);
videoWidth = (int)Math.ceil((float)videoWidth/(float)heightRatio);
} else {
videoHeight = (int)Math.ceil((float)videoHeight/(float)widthRatio);
videoWidth = (int)Math.ceil((float)videoWidth/(float)widthRatio);
}
}
}
surfaceView.setLayoutParams(
new LinearLayout.LayoutParams(videoWidth,videoHeight));
```

```
mp.start();
}

public void onSeekComplete(MediaPlayer mp) {
Log.v(LOGTAG,"onSeekComplete Called");
}

public void onVideoSizeChanged(MediaPlayer mp, int width, int height) {
Log.v(LOGTAG,"onVideoSizeChanged Called");
}
}
```

效果如图 13-1 所示。

图 13-1

13.2 网页浏览

使用 WebKit 类中的组件自制一个简易的网页浏览器，页面设置一个文本框、一个按钮和一个 WebView 控件，项目建立过程省略，主要程序代码如下：

（1）main.xml 布局文件代码内容：

```
<?xml version="1.0" encoding="utf-8"?>
<RelativeLayout
    xmlns:android="http://schemas.android.com/apk/res/android"
      android:tools="http://schemas.android.com/tools "
    android:layout_width="match_parent"
        android:layout_height="match_parent">
<LinearLayout
android:id="@+id/urlContainer"
```

```
android:layout_width="fill _parent"
    android:layout_height="wrap_content"
android.orientation="horizontal "
>

    <EditText
    android:id="@+id/urlField"
        android:layout_width="wrap_content"
        android:layout_height="wrap_content"
    android.layout_weigh=" 3"
    android.hint=" 输入将要打开的网站地址"
    />

    <Button
         android:id="@+id/goButton"
        android:layout_height="wrap_content"
         android:layout_width="wrap_content"
         android.layout_weigh=" 1"
         android.text=" Open"
    </Button>
    </LinearLayout>

    <WebView
         android:id="@+id/webView"
         android:layout_height="fill_parent"
         android:layout_width="fill_parent"

</RelativeLayout>
```

（2）Java 主文件内容：

```
package com.androidwebviewexample;

import android.app.Activity;
import android.os.Bundle;
import android.view.View;
import android.view.Menu;
import android.webkit.WebView;
import android.webkit.WebViewClient;
import android.view.View.OnClickListener;
import android.widget.Button;
import android.widget.Button;
import android.widget.EditText;

public class WebViewActivity extends Activity {

private WebView webView;
private EditText urlEditText;
```

```
public void onCreate(Bundle savedInstanceState) {
        super.onCreate(savedInstanceState);
        setContentView(R.layout.main);

        urlEditText=(EditText) findViewById(R.id.urlFiled);
        webView=(WebView) findViewById(R.id.webView);

        Button openUrl=(Button)findViewById(R.id.goButton);
        openUrl.setOnClickListener(new OnClickListener() {
        @Override
                public void onClick(View view) {
                        String url= urlEditText.getText().toString();
                        if(validateUrl(url)){
                                webView.getSettings().setJavaScriptEnabled(true);
                                webView.loadUrl(url);
                                }
                        }

                Private Boolean validateurl(String url) {

                boolean flag = false;
                int counts = 0;
                if (url == null || url.length() <= 0) {
                return flag;
                                }
                while (counts < 5) {
                                try {
                HttpURLConnection connection = (HttpURLConnection) new URL(url)
        .openConnection();
                int state = connection.getResponseCode();
                if (state == 200) {
                String realurl = connection.getURL().toString();
                flag = true;
                                }
                                break;
                } catch (Exception ex) {
                counts++;
                        continue;
                                }
                                }
                return flag;
                }
                });
    }
}
```

运行显示效果如下图 13-2。

图 13-2

本章给出了两个常用的 Android 项目实例，通过实例可以更加真实地加深 Android 系统编程的印象。

1. 如何制作简易音乐播放器？
2. 如何用Android 实现书籍翻页效果？

参考文献

[1] 黄宇健，刘宏韬．Android 项目开发范例大全．北京：中国铁道出版社，2012．

[2] 瞿大昆．Android 项目开发详解．北京：机械工业出版社，2012．

[3] 李兴华．Android 开发实战经典．北京：清华大学出版社，2012．